180
SUDOKU

MEDIUM PUZZLES

Collin   Deloach

Your mission

is to solve the puzzle by filling in the empty cells with numbers from 1 to 9 without repetition in each row, column, and sub-grid.

The goal is to use logic and deduction to find the missing numbers and complete the puzzle.

Without repetition in each sub-grid

						3		2
				8		4	9	1
	1				3			
2		7	4	1	9			6
6			8	9	2			7
9		1	6	3	5			4
			4				8	
8	4	6		7				
7		9						

Without repetition in each column

						3		2
				8		4	9	1
	1				3	5		
2						9		6
6			8		2	1		7
9		1				8		4
			4			7	8	
8	4	6		7		2		
7		9				6		

Without repetition in each row

						3		2
				8		4	9	1
	1				3			
2						9		6
6			8		2			7
9		1						4
1	2	3	4	5	6	7	8	9
8	4	6		7				
7		9						

enjoy!

Puzzles

Medium # 1

		7	4				6	8
				1	6			
5						4		3
6				2				
4		2				9		5
				7				6
1		4						7
			8	6				
9	6				5	8		

See the solution on page 97.

Medium # 2

9			7	4				
			9				2	8
5						9		
		9	8	2		6		
	3						1	
		1		9	6	8		
		3						4
7	8				9			
				1	7			5

See the solution on page 97.

Medium # 3

1	4			9	2			
			5	7				
	2						4	
		5			8		9	6
			2		3			
4	6		7			1		
	8						1	
				1	6			
			4	2			7	9

See the solution on page 97.

Medium # 4

		1		7	2	8		
			8					
8			5	4				2
	9		2				1	
		7				9		
	5				9		8	
5				6	4			9
					7			
		6	1	2		7		

See the solution on page 97.

Medium # 5

7				9				
			4		8	2		
							7	9
	6			4	9		2	5
		2				1		
1	9		3	5			6	
9	1							
		4	5		1			
				8				4

See the solution on page 97.

Medium # 6

						6	9	
		7		6				
6	8	1	3					
				8	1		5	
8								7
	9		5	3				
					4	5	7	6
				9		2		
	1	5						

See the solution on page 97.

Medium # 7

				1	5		3	
		9		2			4	
	2				3	6		
6			5					
4		1				7		6
					7			9
		8	2				9	
	4			8		5		
	6		1	5				

See the solution on page 98.

Medium # 8

	4	3	5	6				1
				2		4		
2		6						
	5		7			3		
	6						5	
		9			6		1	
						2		3
		1		8				
5				7	9	1	8	

See the solution on page 98.

Medium # 9

			2	9		8		4
	4						7	2
					5			
1	2		8		9			
		7				5		
			3		2		8	1
			9					
3	5						1	
4		1		6	7			

See the solution on page 98.

Medium # 10

		4			1	8	6	
				5		9		
5			6		3			
8		1	3					9
6					7	1		2
			7		9			8
		9		4				
	3	7	2			4		

See the solution on page 98.

Medium # 11

5	8	2	9			6		
								2
	9			6	1			
				3	2			1
		4				5		
3			7	1				
			6	2			5	
7								
		9			7	3	2	6

See the solution on page 98.

Medium # 12

				4			9	
		1	7					6
8		3		9		4	7	
					6		1	
4								5
	7		5					
	9	8		6		2		1
6					1	8		
	5			7				

See the solution on page 98.

Medium # 13

			4		1		3	
			6	2				
	5	3				4		
6			1			8		
9		4				2		6
		5			4			1
		9				1	7	
				8	7			
	6		3		2			

See the solution on page 99.

Medium # 14

3					7			
							5	
5	1			2		6	7	
		7	4	3		9		
		5				2		
		9		6	2	3		
	8	2		1			6	9
	9							
			7					4

See the solution on page 99.

Medium # 15

							3	9
2	8			6		1		
1					8			
8			3			2	4	
			4		7			
	3	2			6			1
			5					8
		8		3			9	7
5	1							

See the solution on page 99.

Medium # 16

		8						
		1	9				5	
			2	1		3	8	
	3		5				6	4
5	1				6		3	
	9	7		8	1			
	4				5	7		
						2		

See the solution on page 99.

Medium # 17

6			5	9				
						1		5
			7			2	3	
2	7			1	8			9
4			6	2			1	8
	6	1			5			
7		3						
					9	6		1

See the solution on page 99.

Medium # 18

	5		7	2				
	7	4		5	3			
		2				6		
2							8	
	3		5		1		6	
	1							4
		1				8		
			3	8		5	1	
				9	4		7	

See the solution on page 99.

Medium # 19

2				4		1		
			2	3		8		
	3				5			
	6		9					8
3	1						9	5
9					6		7	
		5					1	
		9		8	2			
		4		1				6

See the solution on page 100.

Medium # 20

9		6						
8		5				1		9
				1	6			
	8		2	4	1	3		
		3	8	5	7		1	
			3	2				
4		1				5		6
						7		3

See the solution on page 100.

Medium # 21

			8				1	
	8	2		3				
		1	7	5				8
9				6		2	7	
	5	3		1				4
5				8	6	7		
				7		3	2	
	2				5			

See the solution on page 100.

Medium # 22

		5				4		
7							8	6
		1		6	9			
6	7		3					
5			9		7			4
					1		2	7
			5	8		7		
2	9							1
		7				2		

See the solution on page 100.

Medium # 23

					4			3
7	8		2				6	
	1			9			2	
6	9				7			
		8				7		
			3				8	9
	4			6			5	
	6				9		3	8
2			4					

See the solution on page 100.

Medium # 24

9			3					
7			5	8				
						3	1	8
		6		7			8	1
3								9
5	4			9		7		
8	2	5						
				6	8			3
					4			2

See the solution on page 100.

Medium # 25

9		1			4			
	6		7					
8			3			5	4	
				2	7	1		
	2	4	6					
	3	6			9			5
					6		2	
			4			6		3

See the solution on page 101.

Medium # 26

		1	3		6			
		6	7				8	
		7		2				9
		3			4			
2	7						4	3
			8			5		
7				5		2		
	8				7	1		
			6		9	7		

See the solution on page 101.

Medium # 27

7				2	3	9		
		6						2
					1			7
			8	4		5		
1	2						7	4
		3		6	7			
5			9					
2						3		
		7	2	3				6

See the solution on page 101.

Medium # 28

						3	9	
8	7		1					
	2		8			7		
		7			4			
6	3						7	5
			2			6		
		6			5		3	
					8		1	7
	5	1						

See the solution on page 101.

Medium # 29

	6	1		2				
3			4					
5						8		9
				4	1		7	
		2	6		9	1		
	9		2	7				
9		4						1
					3			8
				1		5	9	

See the solution on page 101.

Medium # 30

				2		8		
7		2			1			9
3			9					
2		6			9			3
	9						2	
1			3			9		6
				5				7
9			7			2		5
		4		6				

See the solution on page 101.

Medium # 31

1		5					7	
				4		6	8	
3			1					
	6				2	5		
			7		5			
		9	3				6	
					1			8
	5	1		8				
	9					1		7

See the solution on page 102.

Medium # 32

8			6					
	6			1	9			
		3		8		6	2	
							6	1
	4		5		8		3	
5	9							
	8	9		4		3		
			7	3			8	
				1				2

See the solution on page 102.

Medium # 33

			1	5			4	
	7					2	8	1
1					3			
8				1				
		1	8		4	7		
				3				6
			4					5
4	9	7					6	
	1			2	7			

See the solution on page 102.

Medium # 34

	3	7	4		9			6
				1				
	2							3
6			1	4	7		8	
	5		9	6	8			4
8							9	
				2				
4			8		3	6	1	

See the solution on page 102.

Medium # 35

		8						7
	6		5	7				1
		1			9			3
				9		6	5	
	8						3	
	1	2		5				
3			6			8		
4				1	3		7	
1					5			

See the solution on page 102.

Medium # 36

		7		5			9	1
		6		4				8
2	4				1			
4			6					5
8					4			6
			5				3	7
6				9		5		
7	5			2		1		

See the solution on page 102.

Medium # 37

	7			2		1	5	
		2						
1	6		9					7
8		1		5				
	9						3	
			2			4		8
6					7		4	3
						2		
	5	3		8			6	

See the solution on page 103.

Medium # 38

	4		1	7		2		9
	5	3					6	
	1	5						2
8			2		3			5
4						6	1	
	6					4	2	
3		7		2	8		5	

See the solution on page 103.

Medium # 39

		4		3				2
	8			6		5		
			8				4	6
		8	7					
5	4						7	1
					9	8		
7	3				2			
		5		7			6	
2			6		1			

See the solution on page 103.

Medium # 40

		9	7		8		1	
6						4		
1							7	3
7		1	8					
	3					8		
				6	7			2
2	4							7
		3						5
	6		1		2	8		

See the solution on page 103.

Medium # 41

	7	6			8	4		
8	1				7			
3				1				
9							6	8
			7		5			
1	8							4
			2					1
			8				9	2
		3	9			7	8	

See the solution on page 103.

Medium # 42

	1			4				
7		5		3	9	1		
4			7				9	
8	5				7			
			2				8	5
	2				3			4
		1	8	7		6		3
				1			7	

See the solution on page 103.

Medium # 43

			9			5	7	
8								3
		3	4		8		6	
		7		8	9	4		
		9	7	2		8		
	9		5			7	6	
3								1
	2	4			1			

See the solution on page 104.

Medium # 44

	4	2		3			5	6
	9	3						
			4				1	
			8			9		
5		8				1		2
		7			2			
	8				4			
						4	6	
7	6			1		5	3	

See the solution on page 104.

Medium # 45

	2			4				
			5			8		7
	6	7			9			5
5	3		1					2
2					3		6	9
6			3			7	8	
4		2			7			
				1			9	

See the solution on page 104.

Medium # 46

9					7		3	
	2				4	8		
				3			6	
			4	6	2			5
3								6
5		6	9	1				
	1			7				
		5	8				9	
	3		5					1

See the solution on page 104.

Medium # 47

			9			6		
	4	8	1			9		
					5	3	4	
7			5		4			3
5			8		7			4
	9	1	6					
		6			9	4	3	
		3			1			

See the solution on page 104.

Medium # 48

		1		2			3	
7	4		3					
			7					1
1	6							
4	8	3				2	7	6
							5	8
5					2			
					8		4	5
	9			1		8		

See the solution on page 104.

Medium # 49

			2		5	3	
				9	6		4	
		1	3					8
3						9	6	
			6		7			
	7	6						1
4					9	3		
	9		1	7				
	6	2		5				

See the solution on page 105.

Medium # 50

1	3							
		6		1	5		9	
5			9	7			8	
		3			4			
4								7
			8			4		
	9			6	7			3
	6		4	2		9		
							7	1

See the solution on page 105.

Medium # 51

							6	1
		3				8	9	
				1	5		3	
6		5		2	1			
		8				1		
			6	4		5		2
	6		7	9				
	7	4				9		
2	3							

See the solution on page 105.

Medium # 52

	7							2
1			5		8		6	
			2	3				
					1	3		4
	2		6		7		8	
8		9	3					
				1	6			
	8		9		2			3
4							1	

See the solution on page 105.

Medium # 53

7			1	8			9		
	6								
2			6	7		4			
						2		4	
	3			5			1		
4		2							
		5		8	9			2	
							3		
		3			4	6		5	

See the solution on page 105.

Medium # 54

4			9	1				7
9						4		
	6		8			3		
					9	2	6	
3								5
	7	1	4					
	9			7		2		
	6							3
8				6	5			4

See the solution on page 105.

Medium # 55

4	3							
					2		1	
				9		6	3	8
8						3	4	
		1		6		5		
	9	3						7
3	1	9		2				
	2		7					
							8	5

See the solution on page 106.

Medium # 56

	4		6					
			8			5		1
3							6	
			1		7			5
8	5			4			7	6
9			2		6			
	3							4
7		1			8			
					9		8	

See the solution on page 106.

Medium # 57

6		2		4				
					6	5	8	
	1							6
	6					8		7
		8		7		4		
9		3					6	
5							7	
	3	4	1					
				5		2		9

See the solution on page 106.

Medium # 58

			6				5	
			7				2	
8					2		9	3
		1		2	7	4		
5								1
		6	9	1		5		
9	5		3					8
	7				6			
	1				4			

See the solution on page 106.

Medium # 59

	1		3					
5			2		6			7
		9					4	
	4				7		2	8
		2				4		
6	3		5				1	
	6					5		
3			1		5			4
					8		7	

See the solution on page 106.

Medium # 60

			2	9				
						3	2	5
		3		8		6		
	8			1	2		9	
		9				4		
	4		5	3			7	
		4		5		1		
9	3	1						
				4	1			

See the solution on page 106.

Medium # 61

				5	8		2	
	2				7			
7				9			8	3
	8	9	3					
		7				8		
					1	4	7	
4	5			1				2
			8				5	
	3		7	6				

See the solution on page 107.

Medium # 62

4				1			7	
		6						
		2			3	6	5	9
7		1	4					
			3		9			
					6	5		4
5	4	7	9			1		
						7		
	1			5				8

See the solution on page 107.

Medium # 63

					6	1		4
	7		1			9		
				4			7	
		7		5		4	1	
		8				3		
	4	5		9		8		
	8			2				
		1			7		8	
3		9	6					

See the solution on page 107.

Medium # 64

			9		6			2
4		1						
	8		2	1				
7			9			2		
	6	2				5	8	
		5			6			9
				8	2		9	
						4		7
5		3		4				

See the solution on page 107.

Medium # 65

	1			7		9		
4		7		8	9			
8	2							
6					7			2
		5				7		
9			4					5
							8	7
		8	3		5			1
		1		2			9	

See the solution on page 107.

Medium # 66

1							4	3
		8	9	5				
		7			1			6
	8	1	7					
		4				3		
					9	1	8	
4			3			6		
				9	6	4		
5	9							7

See the solution on page 107.

Medium # 67

		2						6
	7						3	
8		3		4	7			2
7					5	1		3
9		6	1					7
3			9	8		7		4
	8						1	
4						5		

See the solution on page 108.

Medium # 68

				3			5	
4						1		
	7	5	2				9	
	8			7	3			
1		6				4		5
			4	6			8	
	1				9	7	4	
		3						8
	5			2				

See the solution on page 108.

Medium # 69

			1				5	2
5	7					3	4	
					6	8		
		5		4			2	
	2						8	
	4			3		1		
		1	7					
	9	2					3	5
7	3				9			

See the solution on page 108.

Medium # 70

4							8	
7					9			5
	2		7				1	
	8		4					3
6	5						7	8
3					1		4	
	7				3		2	
5			2					7
	3							4

See the solution on page 108.

Medium # 71

2	6	3			7			
			6			3		1
	8						9	
				8		5		
		4	3		6	8		
		1		4				
	4						6	
9		5			2			
			4			7	5	8

See the solution on page 108.

Medium # 72

	1			4				7
2	3	7						
				7		1		
9					5	2		
1			7		3			5
		5	8					4
		2		3				
						9	4	6
5				9			1	

See the solution on page 108.

Medium # 73

9				3	6			
		1						
8					1	5	3	
2			3				6	
	8	7				1	2	
	3				2			8
	9	3	7					5
						2		
			4	5				7

See the solution on page 109.

Medium # 74

4	9			6			5	
					1	6	3	
				3				2
9		1			7	5		
		4	5			2		1
7				1				
	4	9	7					
	2			8			7	9

See the solution on page 109.

Medium # 75

		9	8				1	3
8				7			4	
			4	5				2
		8				3		
2								9
		6				1		
6				3	7			
	4			8				6
1	8				6	5		

See the solution on page 109.

Medium # 76

4		9	2					
				7				4
8					9		1	
5	1					8		
2			7		5			1
		4					6	7
	2		4					9
6				8				
					1	4		2

See the solution on page 109.

Medium # 77

		2		6	8	9		5
		1	3					8
	6						8	
1	8		4		5		3	6
	3						7	
9					6	8		
7		8	1	3		4		

See the solution on page 109.

Medium # 78

					3	6		
				2		1	5	3
5			8	7				
7								
8	1						3	4
								7
			9	7				2
4	3	2		8				
		7	1					

See the solution on page 109.

Medium # 79

		9					8	
		3			6			5
			8	9		1		
		7	2					3
9		8				5		2
6					4	9		
		2		7	3			
7			5			3		
	4					6		

See the solution on page 110.

Medium # 80

			6	8		9	5	
				7	2	4		
		2				1		
2						3		6
		5				8		
9		4						7
		9				6		
		1	3	2				
	3	6		1	5			

See the solution on page 110.

Medium # 81

6	9	2				7		
1			7					
				5	1			
		9	2	5			3	
		3				8		
	1			4	6	5		
		1	5					
					3			8
		7				6	1	2

See the solution on page 110.

Medium # 82

4								
8				2	3			
		7			6		4	
1	7		9				8	
3				6				5
	2				4		9	7
	1		6			3		
			5	4				1
								6

See the solution on page 110.

Medium # 83

			7		6		5	
2			3					
3						8		2
	5		6	1		7		
1								5
		2		7	8		4	
6		4						9
					1			7
	9		8		3			

See the solution on page 110.

Medium # 84

				7	2			3
		4	3				1	
		9			4			5
5							7	1
			8		1			
3	1							4
2			4			3		
	7				6	4		
6			5	9				

See the solution on page 110.

Medium # 85

6	2			7	9			4
5		4				8		
				5				9
	1					4		
				3				
		5					2	
7				8				
		3				6		5
4			1	2			8	7

See the solution on page 111.

Medium # 86

7			8			3		
					9			5
8				3		4		
		3	5			7		
	9			1			4	
		7			2	6		
		5		7				1
1			9					
		8			5			3

See the solution on page 111.

Medium # 87

6	3				9			5
						3	2	
1					4			
	6		4					7
	9		1		5		4	
5					7		8	
		6						3
	7	2						
4			9				7	1

See the solution on page 111.

Medium # 88

	2		1	6	3			
9		3						
4			2				5	
2		8		7				
	4						9	
				2		1		7
	1				5			4
						6		8
			7	8	9		1	

See the solution on page 111.

Medium # 89

7		9		2			8	
1								4
			7	6		1		
	6				2			
		1				9		
		5					2	
		8		3	5			
4								9
	2			8		7		5

See the solution on page 111.

Medium # 90

5		9		1				
7	6		8	3				
					7			
8					7	4		5
3		7	5					6
		4						
				4	2		6	9
				6		2		7

See the solution on page 111.

Medium # 91

	5		4	1		9	7	
2		4				5		
		3		9			5	
	8		3		2		6	
	1			7		4		
		5				8		9
	3	1		2	6		4	

See the solution on page 112.

Medium # 92

		5		4			8	7
					7		3	
		1			6			
				7	2			9
6	7						4	8
2			6	8				
			1			8		
	2		7					
3	4			2		6		

See the solution on page 112.

Medium # 93

					2	1		
1					4	3		
		4			8			2
					1		2	
		5		3		7		
	8		7					
7			6			9		
		9	5					4
		6	8					

See the solution on page 112.

Medium # 94

2		4			5			
	3	9						
			4	1		8		3
		6		4				
8		3				5		1
				5		3		
4		8		6	3			
						2	9	
			2			6		8

See the solution on page 112.

Medium # 95

	7	2			8	6		5
	9	4	3					
5					9			
	6							4
			1		6			
9							8	
			5					8
					4	2	7	
1			7	8			3	5

See the solution on page 112.

Medium # 96

		6				5		
				8	5		2	
4		3		7				9
		2		9				
8			6		7			4
				5		6		
1				3		9		5
	3		9	4				
		4				3		

See the solution on page 112.

Medium # 97

	6							
				8	6	1		5
5		4			1			
3		1			2			9
7								2
8			9			5		6
			4			7		8
2		5	7	3				
							5	

See the solution on page 113.

Medium # 98

		4		8	5		7	
	3			6				9
		6		1		2		
3		1			6			
			8			4		1
		5		7		6		
8				9			4	
	1		5	4		3		

See the solution on page 113.

Medium # 99

		7		2				5
			5		9	7		
3					6			
		5	6	4				
6		1				9		4
				5	3	8		
			4					7
		9	1		8			
1				9		6		

See the solution on page 113.

Medium # 100

			3	4	2		9	
		8		9				
5	2		8					
	9					3	2	
		6				7		
	4	7					8	
					1		7	8
				8		4		
	7		4	5	6			

See the solution on page 113.

Medium # 101

	9	5	4					
				1		4	7	
					8			5
	3				5			2
				6				
7			1				8	
9		8						
	4	6		9				
					2	3	4	

See the solution on page 113.

Medium # 102

				6			3	9
	3		8				5	7
	9							
1		8	7			9		
				3				
		3			4	2		6
							7	
9	1				5		2	
6	2			7				

See the solution on page 113.

Medium # 103

1		4					6	2
		6						
	5	2			4		8	
		9		7				
4			2		9			1
				5		3		
	1		3			5	4	
					6			
3	8					6		7

See the solution on page 114.

Medium # 104

1	2						5	
9					5		3	4
3			6					
			9					6
	7			4			2	
8				3				
				2				8
5	8		1					3
	1						9	5

See the solution on page 114.

Medium # 105

8		9			4	2	1	
			1	7	9		4	
1	8		7					
3								9
				8			3	6
	7		9	8	5			
	9	1	6			7		5

See the solution on page 114.

Medium # 106

8		6	1			7		
2								5
3	5		8					
				2		6		
		7			4			
	1		9					
				8			4	6
5								7
		9			5	1		8

See the solution on page 114.

Medium # 107

5					8			
		4			5			6
	8			1				
9	4	2		5			8	
	1						5	
	5			7		6	9	1
				6			4	
7			1			2		
			2					9

See the solution on page 114.

Medium # 108

8			4		7		3	
7	3			5				
		6					1	
	6	9						7
			8		2			
3						1	6	
	1					8		
				9			5	1
	4		6		8			2

See the solution on page 114.

Medium # 109

		2		1	6			
7								
		3			2	8		6
	9	7	5	8			2	
	4			2	9	6	1	
4		1	9			3		
								7
			2	4		9		

See the solution on page 115.

Medium # 110

	1		4	8				5
			3		2			6
		2		7				
	8					7		3
			1		7			
9		5					1	
				1		3		
8			9		6			
1				3	4		8	

See the solution on page 115.

Medium # 111

					6	2		
1	3				2			
				7		8		3
		4				1		7
	9		3		1		5	
2		1				9		
4		7		1				
			6				8	9
		8	7					

See the solution on page 115.

Medium # 112

					7	9	1	
			3	4	2		6	
					7			
5	2			7			9	
1								6
	4			6			5	3
		8						
	3		5	1	4			
	5	4	8					

See the solution on page 115.

Medium # 113

	4			1				
		9	4					7
			3				9	6
		5	7		4	2		3
9		7	2		8	1		
3	7				1			
8					6	3		
				4			5	

See the solution on page 115.

Medium # 114

		2				5		9
					2		7	4
				8				3
	1				3		5	2
			6		8			
6	4		2				1	
4				9				
5	3		1					
7		9				3		

See the solution on page 115.

Medium # 115

		3	8					6
7	8				5			1
9			4		2			
3						5		
				7				
		4						8
			2		3			5
2			1				9	3
5					4	8		

See the solution on page 116.

Medium # 116

				1		9		2
3							6	
		7	9			5		
7	3		1		4			6
2			7		5		9	1
		4			1	3		
	6							9
5		1		2				

See the solution on page 116.

Medium # 117

		3	4					
	5						4	9
6					7			5
	1			3	8			4
			7		5			
7			2	9			8	
3			8					1
1	9						3	
					1	6		

See the solution on page 116.

Medium # 118

	2	9	6					
			4	5		3		
						4		6
	4		1			2	3	
			9		7			
	7	6			4		5	
2		4						
		3		9	6			
					8	7	6	

See the solution on page 116.

Medium # 119

	1	3		6			7	
		8						
						6	5	4
7				5	6			
2			4		9			3
			7	8				6
3	7	1						
						2		
	5			9		1	3	

See the solution on page 116.

Medium # 120

		3	7			4		8
				4				
8		2			6			1
	6	8			1			
				7				
			5			7	6	
2			8			9		5
				9				
4		7			5	6		

See the solution on page 116.

Medium # 121

					7		1	6
								3
		7	5	8				
			9	8		6		
3		2				1		9
	6		3	1				
			3	2	8			
7								
4	9		8					

See the solution on page 117.

Medium # 122

	5	2						
9				8		1		
8			4	5		6	2	
4		6			2			
			1			2		7
	9	5		4	8			2
		3		7				1
						8	3	

See the solution on page 117.

Medium # 123

4	8	7		5				
9			6					5
				1				3
	1				2			
5		9				3		7
			1				5	
3				9				
1					5			4
				8		7	6	9

See the solution on page 117.

Medium # 124

2				3			6	
3		6						9
8				4	7	3		
	9				1			
1								8
			5				7	
		4	1	8				5
9						8		2
	2			6				7

See the solution on page 117.

Medium # 125

5						1		3
			7					
			8		4	2	9	
				3		6	8	2
		2				9		
4	7	6		2				
	4	9	1		5			
					6			
7		1						6

See the solution on page 117.

Medium # 126

4		1	2					
3	6		5			9		
				8				
			7			4	2	
9	1						8	6
	5	4			9			
				3				
		9			6		7	4
					8	6		3

See the solution on page 117.

Medium # 127

			7		6	1		
	8			4	1			
1						4		
5			9			6		
	1		2		4		9	
		8			5			1
		3						8
			4	6			5	
		4	5		7			

See the solution on page 118.

Medium # 128

	6		9					
1	7	2					4	
					8	3		
3			5	8				6
			3		7			
5				9	4			3
		5	2					
	4					2	9	5
					6		8	

See the solution on page 118.

Medium # 129

			6		2	1	4	
9			6		2	1	4	
	7		1	8				
1					7			6
	4	7				5	3	
5			2					1
				1	9		7	
	2	6	5		3			9

See the solution on page 118.

Medium # 130

							6	2
3		7	5			1		
			4	7	9			
7					8			
5				1				3
			6					1
			2	4	1			
		2			6	3		9
6	1							

See the solution on page 118.

Medium # 131

6				9				3
	7				3			
1			5	4				
		9			6	2	5	
	1						6	
	6	8	2			3		
				7	4			2
			1				3	
7				6				8

See the solution on page 118.

Medium # 132

8	5	2						
						5	3	
7				6			1	
			2				8	
2		8	4		5	7		9
	3				9			
	6			8				5
	2	5						
						9	2	3

See the solution on page 118.

Medium # 133

	5	9		3				
		3	7		9			
				5		9		
		5		4	2		3	
			6		3			
	4		5	9		6		
		7		6				
			4		7	8		
				2		4	9	

See the solution on page 119.

Medium # 134

				4			5	
1	8		7					
5			2			6		3
2	5					1		
				2				
		9					8	5
9		8			6			4
					9		2	6
	1			5				

See the solution on page 119.

Medium # 135

	7	4	5		9		1	
					8		5	
		9		6		8		
					2		7	
5								6
	2		1					
		3		8		7		
	8		4					
	4		3		5	9	8	

See the solution on page 119.

Medium # 136

				9		4		
						6	5	
3	4			2	8			
	5	8		1			3	
4								7
	1			3		8	9	
			2	8			1	9
	8	5						
		9		4				

See the solution on page 119.

Medium # 137

		9	7			1		
					8		6	
		6	5		8			4
	4					6		7
		5				4		
1		6					8	
8		4		1	3			
	3		5					
		1			4	2		

See the solution on page 119.

Medium # 138

1			5		2		3	
		4						
						1		9
5		3		6			4	
		9				7		
	6			9		2		5
4		8						
						4		
	5		4		9			1

See the solution on page 119.

Medium # 139

		7						9
			6					
	2				4	1	6	7
	1		4		6			
6			1	7				2
		4	2				3	
4	9	1	3				8	
				9				
7					5			

See the solution on page 120.

Medium # 140

	6			3	1			
8		4	2					
			7			6		
		3			4	8		
7		1			3			2
	8	2		7				
	5		8					
			3		6			9
		9	4			5		

See the solution on page 120.

Medium # 141

		4			7			
3					2			
8	6	5		4			7	
		7					9	3
		2				7		
9	5					4		
	9			5		2	6	4
			8					7
			1			5		

See the solution on page 120.

Medium # 142

	3							7
1		5	2				8	
			3			9		
					3	4	5	
	5			1			3	
	8	4	5					
		6			2			
	4				9	3		1
5							4	

See the solution on page 120.

Medium # 143

	4		1				5	3
	1			2	5		7	
				7		8		
		3					8	
			6		4			
	5					1		
		8		1				
	3		5	8			1	
1	9				2		3	

See the solution on page 120.

Medium # 144

7						2		
1			4	8				
9	8				1			
		3		6				
8			9		2			1
				3		4		
			2				6	9
				4	6			7
		7						2

See the solution on page 120.

Medium # 145

	4	7	1				6	
6	9				2			
						7		
4		3	7	9				1
5				6	8	9		3
		8						
			6				2	4
	1				3	8	9	

See the solution on page 121.

Medium # 146

2								
		3			5	8		2
	8	5	4					
6				5				8
		4	8		6	5		
8				2				4
					8	2	9	
7		1	2			3		
								1

See the solution on page 121.

Medium # 147

		3	6		5			7
	5	7				8	9	
			3				6	4
	2			7			1	
5	3				2			
	1	9				3	7	
2			4		3	6		

See the solution on page 121.

Medium # 148

	3	9		8				
							8	
5		6		7	1			
	9			4				1
8			3		7			5
2				1			3	
			6	9		1		8
	2							
				3		7	5	

See the solution on page 121.

Medium # 149

					6			9
4			2					
1		7		9			8	
5							4	3
	6						7	
7	4							8
	3			8		9		5
					9			1
2			5					

See the solution on page 121.

Medium # 150

4		8		6			3	
	1							7
6						2		
1			5				2	
8			1		7			6
	3				4			9
		5						2
2							9	
	7			2		5		3

See the solution on page 121.

Medium # 151

								6
1					9			
9		6	3				4	
7					6		8	
	9	1	8		2	3	7	
	2		9					4
	4				8	5		7
			7					2
8								

See the solution on page 122.

Medium # 152

	4		7		9			
				1		7		
	8		4	5			3	
	5		2					
6		3				2		8
					8		7	
	7			9	6		5	
		2		8				
			3		7		8	

See the solution on page 122.

Medium # 153

				4	6		8	3
		1		7				
7					3	4		
						5		2
			2	6	1			
3		6						
		7	4					8
				3		9		
2	9		7	1				

See the solution on page 122.

Medium # 154

8				7		2		4
	7					5		6
			6			3		
					4	9		
1			3		9			2
		3	2					
		8			7			
6		7					8	
2		4		9				7

See the solution on page 122.

Medium # 155

		4			5			
				9	6	1	4	
1	2							
7		8		1				5
			8		4			
6				3		4		1
							9	2
8	1	3	2					
			6			1		

See the solution on page 122.

Medium # 156

			5			9		8
6	8		4					
	1			9	3			
						5		9
5			1		2			7
2		3						
			6	3			7	
					8		6	4
1		8			7			

See the solution on page 122.

Medium # 157

	8	5				1	2	
	1			8	3			
						8		
					7	9		5
			8		9			
7		2	5					
		8						
			2	6			3	
	3	9				2	1	

See the solution on page 123.

Medium # 158

			4		3	8		
8			6				9	
5								2
6						4		7
		8		2		9		
3		4						1
1								8
	5				9			6
		6	2		1			

See the solution on page 123.

Medium # 159

			7				4	5
					6			3
				1	5		8	7
	4				2		1	
		8				5		
	3		6				9	
4	6		8	3				
2			9					
1	7				4			

See the solution on page 123.

Medium # 160

	4		8					2
						8		4
	8			1	6			9
			5			7		1
	2						9	
6		5			2			
3			7	5			4	
5		1						
8					3		6	

See the solution on page 123.

Medium # 161

					3			
	3	4	8					
7		9			2	4		
	9			1				6
1		7				5		3
3				6			4	
		2	1			9		8
					4	6	2	
			9					

See the solution on page 123.

Medium # 162

	9		8					7
	7				2		9	1
				5				
3			4				7	
1				9				2
	5				1			4
				7				
9	3		5				6	
8					9		3	

See the solution on page 123.

Medium # 163

1			9					
		4		5		1		2
	5						7	6
5					6	7		
	7						1	
		6	5					4
9	4						2	
3		8		7		4		
					1			3

See the solution on page 124.

Medium # 164

	8	4	3	2				
				1				9
2						1		
		3	1				6	2
9								1
6	7				4	9		
		8						5
7				4				
				8	6	3	4	

See the solution on page 124.

Medium # 165

6								
		2	5			4		9
8				7			3	
		8	7	1		6		
	6						1	
		4		5	3	7		
	5			2				4
9		3			5	1		
								8

See the solution on page 124.

Medium # 166

5					7	8		
			9			4		
			8				1	
	8			3			9	
4		9		8		1		3
	5			6			2	
	4				6			
		8			2			
		2	3					9

See the solution on page 124.

Medium # 167

					6	8		
			2	4			3	
5					7		6	
	5	1		9				6
6								1
7				3		9	4	
	1		7					8
	4			1	3			
		7	5					

See the solution on page 124.

Medium # 168

		1			8			6
	5		4					
7	8			5				1
		9	1	3				
1								4
				2	7	5		
4				8			6	2
					5		9	
2			3			1		

See the solution on page 124.

Medium # 169

6						8		
	3	7			4			
			2	1		3		
	9				7			
	7	6	8		1	2	9	
			5				8	
		1		6	5			
			7			1	6	
		4						3

See the solution on page 125.

Medium # 170

								5
9		4		2	7			
2			5				4	
		2	7		6		3	
8								4
	6		9		3	5		
	1				2			3
			3	1		7		6
6								

See the solution on page 125.

Medium # 171

3	2	9						
					6			
		6		3				4
		7			5		8	2
		2	4		8	9		
1	5		6			3		
8				2		1		
			7					
						5	9	8

See the solution on page 125.

Medium # 172

			6				8	9
1		5		3				
		9		4				2
							7	3
		6	9		3	1		
2	1							
8				9		2		
				8		6		4
5	3				2			

See the solution on page 125.

Medium # 173

	6							
			4	5				3
	4					5	2	7
		9		6		1	7	
3								2
	7	2		4		9		
9	2	1					6	
7				8	1			
							4	

See the solution on page 125.

Medium # 174

			3	1				
6			5		3	1		
1								2
		6	4			2	3	
		6			5			
3	8			9	7			
4								8
	3	7		6				9
			5	7				

See the solution on page 125.

Medium # 175

	9							3
			2	5			9	
	3				6	8		
							3	1
		7	6		5	2		
9	6							
		9	5				2	
	8			3	1			
7							4	

See the solution on page 126.

Medium # 176

				6				
2		1						
8	5		9	2			1	
	1		5			3		7
		5				6		
9		4			2		5	
	4			9	3		6	5
						7		2
				1				

See the solution on page 126.

Medium # 177

			9		4			
				6			8	
	2	4		5			7	
3					7	9		
7	4						3	2
		1	8					7
	9			8		3	5	
	8			4				
			7		2			

See the solution on page 126.

Medium # 178

			5			1		
				7			2	
2	6	9				8		
	8		7	9		3		6
9		4		3	8		1	
		3				4	7	2
	9			2				
		8			6			

See the solution on page 126.

Medium # 179

			1	6	4			9
					9		7	
			5			6		3
		9	8				6	
3								5
	2				3	1		
2		3			1			
	8		4					
1			6	5	7			

See the solution on page 126.

Medium # 180

				2			3	
	4	6		7		5	8	
			8			4		6
					3	2		4
6		7	5					
4		1			8			
	7	8		5		1	6	
	3			1				

See the solution on page 126.

Solution# 1

2	9	7	4	5	3	1	6	8
3	4	8	9	1	6	5	7	2
5	1	6	2	8	7	4	9	3
6	3	1	5	2	9	7	8	4
4	7	2	6	3	8	9	1	5
8	5	9	1	7	4	2	3	6
1	8	4	3	9	2	6	5	7
7	2	5	8	6	1	3	4	9
9	6	3	7	4	5	8	2	1

Solution# 2

9	6	8	7	4	2	5	3	1
3	1	7	9	6	5	4	2	8
5	4	2	1	8	3	9	7	6
4	7	9	8	2	1	6	5	3
8	3	6	5	7	4	2	1	9
2	5	1	3	9	6	8	4	7
1	2	3	6	5	8	7	9	4
7	8	5	4	3	9	1	6	2
6	9	4	2	1	7	3	8	5

Solution# 3

1	4	7	3	9	2	5	6	8
8	9	6	5	7	4	3	2	1
5	2	3	6	8	1	9	4	7
3	7	5	1	4	8	2	9	6
9	1	8	2	6	3	7	5	4
4	6	2	7	5	9	1	8	3
2	8	4	9	3	7	6	1	5
7	5	9	8	1	6	4	3	2
6	3	1	4	2	5	8	7	9

Solution# 4

4	3	1	6	7	2	8	9	5
7	2	5	8	9	3	6	4	1
8	6	9	5	4	1	3	7	2
6	9	3	2	5	8	4	1	7
2	8	7	4	1	6	9	5	3
1	5	4	7	3	9	2	8	6
5	7	8	3	6	4	1	2	9
3	1	2	9	8	7	5	6	4
9	4	6	1	2	5	7	3	8

Solution# 5

7	2	1	6	9	5	3	4	8
6	3	9	4	7	8	2	5	1
4	8	5	2	1	3	6	7	9
3	6	7	1	4	9	8	2	5
5	4	2	8	6	7	1	9	3
1	9	8	3	5	2	4	6	7
9	1	6	7	3	4	5	8	2
8	7	4	5	2	1	9	3	6
2	5	3	9	8	6	7	1	4

Solution# 6

5	2	3	4	7	8	6	9	1
9	4	7	1	6	2	3	8	5
6	8	1	3	5	9	7	2	4
3	7	6	2	8	1	4	5	9
8	5	2	9	4	6	1	3	7
1	9	4	5	3	7	8	6	2
2	3	9	8	1	4	5	7	6
4	6	8	7	9	5	2	1	3
7	1	5	6	2	3	9	4	8

Solution# 7

8	7	6	4	1	5	9	3	2
3	5	9	6	2	8	1	4	7
1	2	4	7	9	3	6	8	5
6	9	7	5	4	1	8	2	3
4	8	1	9	3	2	7	5	6
2	3	5	8	6	7	4	1	9
5	1	8	2	7	6	3	9	4
7	4	2	3	8	9	5	6	1
9	6	3	1	5	4	2	7	8

Solution# 8

9	4	3	5	6	8	7	2	1
8	1	5	3	2	7	4	6	9
2	7	6	9	1	4	5	3	8
1	5	8	7	9	2	3	4	6
7	6	4	8	3	1	9	5	2
3	2	9	4	5	6	8	1	7
6	8	7	1	4	5	2	9	3
4	9	1	2	8	3	6	7	5
5	3	2	6	7	9	1	8	4

Solution# 9

7	1	3	2	9	6	8	5	4
5	4	9	1	8	3	6	7	2
6	8	2	7	4	5	1	9	3
1	2	5	8	7	9	3	4	6
8	3	7	6	1	4	5	2	9
9	6	4	3	5	2	7	8	1
2	7	8	9	3	1	4	6	5
3	5	6	4	2	8	9	1	7
4	9	1	5	6	7	2	3	8

Solution# 10

3	2	4	9	7	1	8	6	5
7	1	6	8	5	4	9	2	3
5	9	8	6	2	3	7	4	1
8	4	1	3	6	2	5	7	9
9	7	2	5	1	8	6	3	4
6	5	3	4	9	7	1	8	2
4	6	5	7	3	9	2	1	8
2	8	9	1	4	6	3	5	7
1	3	7	2	8	5	4	9	6

Solution# 11

5	8	2	9	7	3	6	1	4
6	3	1	4	8	5	7	9	2
4	9	7	2	6	1	8	3	5
9	7	8	5	3	2	4	6	1
2	1	4	8	9	6	5	7	3
3	6	5	7	1	4	2	8	9
1	4	3	6	2	8	9	5	7
7	2	6	3	5	9	1	4	8
8	5	9	1	4	7	3	2	6

Solution# 12

5	2	7	6	4	3	1	9	8
9	4	1	7	8	2	5	3	6
8	6	3	1	9	5	4	7	2
3	8	5	4	2	6	7	1	9
4	1	9	8	3	7	6	2	5
2	7	6	5	1	9	3	8	4
7	9	8	3	6	4	2	5	1
6	3	2	9	5	1	8	4	7
1	5	4	2	7	8	9	6	3

Solution# 13

2	9	6	4	5	1	7	3	8
4	7	8	6	2	3	5	1	9
1	5	3	8	7	9	4	6	2
6	3	2	1	9	5	8	4	7
9	1	4	7	3	8	2	5	6
7	8	5	2	6	4	3	9	1
8	2	9	5	4	6	1	7	3
3	4	1	9	8	7	6	2	5
5	6	7	3	1	2	9	8	4

Solution# 14

3	2	4	6	5	7	8	9	1
9	7	6	1	8	3	4	5	2
5	1	8	9	2	4	6	7	3
2	6	7	4	3	1	9	8	5
1	3	5	8	7	9	2	4	6
8	4	9	5	6	2	3	1	7
4	8	2	3	1	5	7	6	9
7	9	1	2	4	6	5	3	8
6	5	3	7	9	8	1	2	4

Solution# 15

7	4	6	2	1	5	8	3	9
2	8	9	7	6	3	1	5	4
1	5	3	9	4	8	7	6	2
8	7	5	3	9	1	2	4	6
9	6	1	4	2	7	3	8	5
4	3	2	8	5	6	9	7	1
3	9	4	5	7	2	6	1	8
6	2	8	1	3	4	5	9	7
5	1	7	6	8	9	4	2	3

Solution# 16

9	2	8	4	5	3	6	7	1
3	7	1	9	6	8	4	5	2
4	5	6	2	1	7	3	8	9
8	3	9	5	7	2	1	6	4
7	6	4	1	3	9	8	2	5
5	1	2	8	4	6	9	3	7
2	9	7	3	8	1	5	4	6
1	4	3	6	2	5	7	9	8
6	8	5	7	9	4	2	1	3

Solution# 17

6	1	5	9	3	2	8	4	7
3	2	7	8	6	4	1	9	5
9	8	4	7	5	1	2	3	6
2	7	6	4	1	8	3	5	9
1	3	8	5	9	7	4	6	2
4	5	9	6	2	3	7	1	8
8	6	1	2	4	5	9	7	3
7	9	3	1	8	6	5	2	4
5	4	2	3	7	9	6	8	1

Solution# 18

6	5	8	7	2	9	4	3	1
1	7	4	6	5	3	9	2	8
3	9	2	4	1	8	6	5	7
2	4	6	9	3	7	1	8	5
8	3	9	5	4	1	7	6	2
7	1	5	8	6	2	3	9	4
9	6	1	2	7	5	8	4	3
4	2	7	3	8	6	5	1	9
5	8	3	1	9	4	2	7	6

Solution# 19

2	9	6	8	4	7	1	5	3
4	5	1	2	3	9	8	6	7
8	3	7	1	6	5	4	2	9
7	6	5	9	2	1	3	4	8
3	1	2	4	7	8	6	9	5
9	4	8	3	5	6	2	7	1
6	8	3	5	9	4	7	1	2
1	7	9	6	8	2	5	3	4
5	2	4	7	1	3	9	8	6

Solution# 20

9	1	6	5	7	8	4	3	2
8	7	5	4	3	2	1	6	9
3	4	2	9	1	6	8	5	7
6	8	7	2	4	1	3	9	5
1	5	4	6	9	3	2	7	8
2	9	3	8	5	7	6	1	4
7	6	8	3	2	5	9	4	1
4	3	1	7	8	9	5	2	6
5	2	9	1	6	4	7	8	3

Solution# 21

3	7	5	8	9	4	6	1	2
4	8	2	6	3	1	5	9	7
6	9	1	7	5	2	4	3	8
9	1	4	5	6	8	2	7	3
7	6	8	4	2	3	1	5	9
2	5	3	9	1	7	8	6	4
5	3	9	2	8	6	7	4	1
8	4	6	1	7	9	3	2	5
1	2	7	3	4	5	9	8	6

Solution# 22

9	6	5	8	7	3	4	1	2
7	3	4	2	1	5	9	8	6
8	2	1	4	6	9	5	7	3
6	7	2	3	4	8	1	9	5
5	1	3	9	2	7	8	6	4
4	8	9	6	5	1	3	2	7
1	4	6	5	8	2	7	3	9
2	9	8	7	3	4	6	5	1
3	5	7	1	9	6	2	4	8

Solution# 23

9	2	5	6	8	4	1	7	3
7	8	4	2	3	1	9	6	5
3	1	6	7	9	5	8	2	4
6	9	1	8	5	7	3	4	2
5	3	8	9	4	2	7	1	6
4	7	2	3	1	6	5	8	9
8	4	9	1	6	3	2	5	7
1	6	7	5	2	9	4	3	8
2	5	3	4	7	8	6	9	1

Solution# 24

9	1	8	3	4	6	2	7	5
7	3	2	5	8	1	9	6	4
6	5	4	9	2	7	3	1	8
2	9	6	4	7	3	5	8	1
3	8	7	6	1	5	4	2	9
5	4	1	8	9	2	7	3	6
8	2	5	1	3	9	6	4	7
4	7	9	2	6	8	1	5	3
1	6	3	7	5	4	8	9	2

Solution# 25

9	5	1	2	8	4	3	6	7
4	6	3	7	9	5	1	8	2
8	7	2	3	6	1	5	4	9
3	8	5	9	4	2	7	1	6
6	9	7	1	5	8	2	3	4
1	2	4	6	7	3	9	5	8
2	3	6	8	1	9	4	7	5
7	4	9	5	3	6	8	2	1
5	1	8	4	2	7	6	9	3

Solution# 26

8	2	1	3	9	6	4	7	5
4	9	6	7	1	5	3	8	2
5	3	7	4	2	8	6	1	9
6	5	3	9	7	4	8	2	1
2	7	8	5	6	1	9	4	3
1	4	9	8	3	2	5	6	7
7	6	4	1	5	3	2	9	8
9	8	5	2	4	7	1	3	6
3	1	2	6	8	9	7	5	4

Solution# 27

7	8	5	4	2	3	9	6	1
9	1	6	5	7	8	4	3	2
3	4	2	6	9	1	8	5	7
6	7	9	8	4	2	5	1	3
1	2	8	3	5	9	6	7	4
4	5	3	1	6	7	2	8	9
5	3	4	9	1	6	7	2	8
2	6	1	7	8	4	3	9	5
8	9	7	2	3	5	1	4	6

Solution# 28

1	6	5	7	4	2	3	9	8
8	7	3	1	5	9	4	2	6
4	2	9	8	3	6	7	5	1
2	9	7	5	6	4	1	8	3
6	3	4	9	8	1	2	7	5
5	1	8	2	7	3	6	4	9
7	8	6	4	1	5	9	3	2
3	4	2	6	9	8	5	1	7
9	5	1	3	2	7	8	6	4

Solution# 29

8	6	1	9	2	7	3	5	4
3	2	9	4	8	5	6	1	7
5	4	7	1	3	6	8	2	9
6	8	5	3	4	1	9	7	2
4	7	2	6	5	9	1	8	3
1	9	3	2	7	8	4	6	5
9	5	4	8	6	2	7	3	1
7	1	6	5	9	3	2	4	8
2	3	8	7	1	4	5	9	6

Solution# 30

4	6	9	5	2	7	8	3	1
7	8	2	6	3	1	4	5	9
3	1	5	9	4	8	6	7	2
2	5	6	4	8	9	7	1	3
8	9	3	1	7	6	5	2	4
1	4	7	3	5	2	9	8	6
6	2	1	8	9	5	3	4	7
9	3	8	7	1	4	2	6	5
5	7	4	2	6	3	1	9	8

Solution# 31

1	4	5	8	2	6	3	7	9
9	7	2	5	4	3	6	8	1
3	8	6	1	7	9	2	4	5
8	6	7	4	9	2	5	1	3
4	1	3	7	6	5	8	9	2
5	2	9	3	1	8	7	6	4
7	3	4	6	5	1	9	2	8
2	5	1	9	8	7	4	3	6
6	9	8	2	3	4	1	5	7

Solution# 32

8	7	4	6	5	2	1	9	3
2	6	5	3	1	9	8	7	4
9	1	3	4	8	7	6	2	5
3	2	8	9	7	4	5	6	1
6	4	1	5	2	8	9	3	7
5	9	7	1	6	3	2	4	8
7	8	9	2	4	5	3	1	6
1	5	2	7	3	6	4	8	9
4	3	6	8	9	1	7	5	2

Solution# 33

9	6	2	1	5	8	3	4	7
3	7	5	6	4	9	2	8	1
1	8	4	2	7	3	6	5	9
8	2	3	7	1	6	5	9	4
6	5	1	8	9	4	7	2	3
7	4	9	5	3	2	8	1	6
2	3	8	4	6	1	9	7	5
4	9	7	3	8	5	1	6	2
5	1	6	9	2	7	4	3	8

Solution# 34

1	3	7	4	8	9	5	2	6
5	4	6	3	1	2	8	7	9
9	2	8	5	7	6	1	4	3
6	9	3	1	4	7	2	8	5
7	8	4	2	3	5	9	6	1
2	5	1	9	6	8	7	3	4
8	1	2	6	5	4	3	9	7
3	6	9	7	2	1	4	5	8
4	7	5	8	9	3	6	1	2

Solution# 35

2	4	9	8	3	1	5	6	7
8	6	3	5	7	4	9	2	1
5	7	1	2	6	9	4	8	3
7	3	4	1	9	8	6	5	2
6	8	5	4	2	7	1	3	9
9	1	2	3	5	6	7	4	8
3	9	7	6	4	2	8	1	5
4	5	8	9	1	3	2	7	6
1	2	6	7	8	5	3	9	4

Solution# 36

3	8	7	2	5	6	4	9	1
5	1	6	3	4	9	7	2	8
2	4	9	8	7	1	6	5	3
4	7	3	6	8	2	9	1	5
9	6	1	7	3	5	8	4	2
8	2	5	9	1	4	3	7	6
1	9	4	5	6	8	2	3	7
6	3	2	1	9	7	5	8	4
7	5	8	4	2	3	1	6	9

Solution# 37

3	7	9	6	2	8	1	5	4
4	8	2	7	5	1	3	9	6
1	6	5	9	4	3	8	2	7
8	4	1	3	6	5	9	7	2
2	9	7	8	1	4	6	3	5
5	3	6	2	7	9	4	1	8
6	2	8	1	9	7	5	4	3
7	1	4	5	3	6	2	8	9
9	5	3	4	8	2	7	6	1

Solution# 38

6	4	8	1	7	5	2	3	9
1	2	9	8	3	6	5	7	4
7	5	3	9	4	2	8	6	1
9	1	5	7	6	4	3	8	2
8	7	6	2	1	3	9	4	5
4	3	2	5	8	9	6	1	7
5	6	1	3	9	7	4	2	8
2	8	4	6	5	1	7	9	3
3	9	7	4	2	8	1	5	6

Solution# 39

6	5	1	4	9	3	7	8	2
4	8	2	1	6	7	5	9	3
9	7	3	8	2	5	1	4	6
1	2	8	7	4	6	9	3	5
5	4	9	2	3	8	6	7	1
3	6	7	5	1	9	8	2	4
7	3	6	9	5	2	4	1	8
8	1	5	3	7	4	2	6	9
2	9	4	6	8	1	3	5	7

Solution# 40

3	5	9	7	4	8	2	1	6
6	7	2	9	3	1	4	5	8
1	8	4	6	2	5	9	7	3
7	2	1	8	5	4	3	6	9
4	3	6	2	7	9	5	8	1
8	9	5	3	1	6	7	4	2
2	4	8	5	6	3	1	9	7
9	1	3	4	8	7	6	2	5
5	6	7	1	9	2	8	3	4

Solution# 41

5	7	6	2	9	8	4	1	3
8	1	4	3	5	7	9	2	6
3	2	9	4	1	6	8	5	7
9	3	7	1	4	2	5	6	8
4	6	2	7	8	5	1	3	9
1	8	5	6	3	9	2	7	4
7	9	8	5	2	3	6	4	1
6	5	1	8	7	4	3	9	2
2	4	3	9	6	1	7	8	5

Solution# 42

2	1	9	5	4	8	7	3	6
7	8	5	6	3	9	1	4	2
4	6	3	7	2	1	5	9	8
8	5	4	3	6	7	9	2	1
3	9	2	1	8	5	4	6	7
1	7	6	2	9	4	3	8	5
6	2	7	9	5	3	8	1	4
9	4	1	8	7	2	6	5	3
5	3	8	4	1	6	2	7	9

Solution# 43

6	4	2	9	1	3	5	7	8
8	1	5	6	7	2	9	4	3
9	7	3	4	5	8	1	6	2
2	6	7	1	8	9	4	3	5
5	8	1	3	4	6	2	9	7
4	3	9	7	2	5	8	1	6
1	9	8	5	3	7	6	2	4
3	5	6	2	9	4	7	8	1
7	2	4	8	6	1	3	5	9

Solution# 44

1	4	2	9	3	8	7	5	6
6	9	3	1	7	5	8	2	4
8	7	5	4	2	6	3	1	9
4	2	6	8	5	1	9	7	3
5	3	8	6	9	7	1	4	2
9	1	7	3	4	2	6	8	5
3	8	1	5	6	4	2	9	7
2	5	9	7	8	3	4	6	1
7	6	4	2	1	9	5	3	8

Solution# 45

1	2	5	7	4	8	9	3	6
3	9	4	5	6	1	8	2	7
8	6	7	2	3	9	1	4	5
5	3	8	1	9	6	4	7	2
9	7	6	4	5	2	3	1	8
2	4	1	8	7	3	5	6	9
6	5	9	3	2	4	7	8	1
4	1	2	9	8	7	6	5	3
7	8	3	6	1	5	2	9	4

Solution# 46

9	6	8	1	5	7	4	3	2
1	2	3	6	9	4	8	5	7
4	5	7	2	3	8	1	6	9
7	9	1	3	4	6	2	8	5
3	4	2	7	8	5	9	1	6
5	8	6	9	1	2	7	4	3
6	1	9	4	7	3	5	2	8
2	7	5	8	6	1	3	9	4
8	3	4	5	2	9	6	7	1

Solution# 47

3	2	5	9	4	8	6	1	7
6	4	8	1	7	3	9	5	2
9	1	7	2	6	5	3	4	8
7	6	9	5	1	4	8	2	3
1	8	4	3	2	6	5	7	9
5	3	2	8	9	7	1	6	4
4	9	1	6	3	2	7	8	5
2	5	6	7	8	9	4	3	1
8	7	3	4	5	1	2	9	6

Solution# 48

6	5	1	8	2	9	7	3	4
7	4	9	3	6	1	5	8	2
8	3	2	7	5	4	9	6	1
1	6	5	2	8	7	4	9	3
4	8	3	1	9	5	2	7	6
9	2	7	6	4	3	1	5	8
5	7	8	4	3	2	6	1	9
2	1	6	9	7	8	3	4	5
3	9	4	5	1	6	8	2	7

Solution# 49

9	4	8	7	2	1	5	3	6
7	3	5	8	9	6	1	4	2
6	2	1	3	4	5	7	9	8
3	1	4	5	8	2	9	6	7
2	5	9	6	1	7	4	8	3
8	7	6	9	3	4	2	5	1
4	8	7	2	6	9	3	1	5
5	9	3	1	7	8	6	2	4
1	6	2	4	5	3	8	7	9

Solution# 50

1	3	9	6	4	8	7	2	5
7	8	6	2	1	5	3	9	4
5	4	2	9	7	3	1	8	6
9	1	3	7	5	4	8	6	2
4	2	8	1	9	6	5	3	7
6	7	5	8	3	2	4	1	9
8	9	1	5	6	7	2	4	3
3	6	7	4	2	1	9	5	8
2	5	4	3	8	9	6	7	1

Solution# 51

9	5	2	3	8	4	7	6	1
4	1	3	2	6	7	8	9	5
7	8	6	9	1	5	2	3	4
6	4	5	8	2	1	3	7	9
3	2	8	5	7	9	1	4	6
1	9	7	6	4	3	5	8	2
8	6	1	7	9	2	4	5	3
5	7	4	1	3	6	9	2	8
2	3	9	4	5	8	6	1	7

Solution# 52

9	7	5	1	6	4	8	3	2
1	3	2	5	7	8	4	6	9
6	4	8	2	3	9	1	5	7
5	6	7	8	2	1	3	9	4
3	2	4	6	9	7	5	8	1
8	1	9	3	4	5	7	2	6
2	5	3	4	1	6	9	7	8
7	8	1	9	5	2	6	4	3
4	9	6	7	8	3	2	1	5

Solution# 53

7	4	1	8	2	5	9	6	3
3	6	8	9	4	1	5	2	7
2	5	9	6	7	3	4	8	1
5	8	7	1	3	6	2	9	4
9	3	6	4	5	2	7	1	8
4	1	2	7	9	8	3	5	6
6	7	5	3	8	9	1	4	2
1	2	4	5	6	7	8	3	9
8	9	3	2	1	4	6	7	5

Solution# 54

4	2	8	9	1	3	6	5	7
9	1	3	5	7	6	4	8	2
7	6	5	8	2	4	3	1	9
5	8	4	7	3	9	2	6	1
3	9	2	6	8	1	7	4	5
6	7	1	4	5	2	9	3	8
1	5	9	3	4	7	8	2	6
2	4	6	1	9	8	5	7	3
8	3	7	2	6	5	1	9	4

Solution# 55

4	3	7	6	8	1	9	5	2
9	8	6	5	3	2	7	1	4
1	5	2	4	9	7	6	3	8
8	6	5	2	7	9	3	4	1
7	4	1	3	6	8	5	2	9
2	9	3	1	5	4	8	6	7
3	1	9	8	2	5	4	7	6
5	2	8	7	4	6	1	9	3
6	7	4	9	1	3	2	8	5

Solution# 56

1	4	9	6	3	5	7	2	8
2	7	6	8	9	4	5	3	1
3	8	5	7	2	1	4	6	9
4	6	3	1	8	7	2	9	5
8	5	2	9	4	3	1	7	6
9	1	7	2	5	6	8	4	3
6	3	8	5	7	2	9	1	4
7	9	1	4	6	8	3	5	2
5	2	4	3	1	9	6	8	7

Solution# 57

6	5	2	8	4	9	7	3	1
3	4	9	7	1	6	5	8	2
8	1	7	5	2	3	9	4	6
4	6	5	9	3	1	8	2	7
1	2	8	6	7	5	4	9	3
9	7	3	4	8	2	1	6	5
5	9	1	2	6	8	3	7	4
2	3	4	1	9	7	6	5	8
7	8	6	3	5	4	2	1	9

Solution# 58

2	3	7	6	8	9	1	5	4
1	9	4	7	3	5	8	2	6
8	6	5	1	4	2	7	9	3
3	8	1	5	2	7	4	6	9
5	2	9	4	6	8	3	7	1
7	4	6	9	1	3	5	8	2
9	5	2	3	7	1	6	4	8
4	7	3	8	9	6	2	1	5
6	1	8	2	5	4	9	3	7

Solution# 59

4	1	6	3	7	9	8	5	2
5	8	3	2	4	6	1	9	7
7	2	9	8	5	1	6	4	3
9	4	5	6	1	7	3	2	8
1	7	2	9	8	3	4	6	5
6	3	8	5	2	4	7	1	9
8	6	4	7	9	2	5	3	1
3	9	7	1	6	5	2	8	4
2	5	1	4	3	8	9	7	6

Solution# 60

4	6	5	2	9	3	7	8	1
7	9	8	1	6	4	3	2	5
2	1	3	7	8	5	6	4	9
3	8	7	4	1	2	5	9	6
5	2	9	8	7	6	4	1	3
1	4	6	5	3	9	2	7	8
6	7	4	9	5	8	1	3	2
9	3	1	6	2	7	8	5	4
8	5	2	3	4	1	9	6	7

Solution# 61

6	9	3	4	5	8	1	2	7
8	2	5	1	3	7	6	9	4
7	1	4	2	9	6	5	8	3
5	8	9	3	7	4	2	1	6
1	4	7	6	2	9	8	3	5
3	6	2	5	8	1	4	7	9
4	5	8	9	1	3	7	6	2
9	7	6	8	4	2	3	5	1
2	3	1	7	6	5	9	4	8

Solution# 62

4	9	5	6	1	2	8	7	3
8	3	6	5	9	7	4	2	1
1	7	2	8	4	3	6	5	9
7	8	1	4	2	5	3	9	6
6	5	4	3	8	9	2	1	7
3	2	9	1	7	6	5	8	4
5	4	7	9	6	8	1	3	2
9	6	8	2	3	1	7	4	5
2	1	3	7	5	4	9	6	8

Solution# 63

8	9	3	2	7	6	1	5	4
4	7	2	1	8	5	9	6	3
5	1	6	9	4	3	2	7	8
9	3	7	8	5	2	4	1	6
1	2	8	7	6	4	3	9	5
6	4	5	3	9	1	8	2	7
7	8	4	5	2	9	6	3	1
2	6	1	4	3	7	5	8	9
3	5	9	6	1	8	7	4	2

Solution# 64

3	5	7	8	9	4	6	1	2
4	2	1	3	6	7	9	5	8
6	8	9	2	1	5	7	4	3
7	1	4	9	5	8	2	3	6
9	6	2	1	7	3	5	8	4
8	3	5	4	2	6	1	7	9
1	4	6	7	8	2	3	9	5
2	9	8	5	3	1	4	6	7
5	7	3	6	4	9	8	2	1

Solution# 65

5	1	3	6	7	2	9	4	8
4	6	7	1	8	9	2	5	3
8	2	9	3	5	4	1	7	6
6	3	8	5	9	7	4	1	2
1	4	5	2	6	8	7	3	9
9	7	2	4	1	3	8	6	5
2	5	6	9	4	1	3	8	7
7	9	4	8	3	6	5	2	1
3	8	1	7	2	5	6	9	4

Solution# 66

1	5	9	6	2	7	8	4	3
6	4	8	9	5	3	7	2	1
3	2	7	8	4	1	9	5	6
9	8	1	7	3	2	5	6	4
2	6	4	5	1	8	3	7	9
7	3	5	4	6	9	1	8	2
4	1	2	3	7	5	6	9	8
8	7	3	2	9	6	4	1	5
5	9	6	1	8	4	2	3	7

Solution# 67

5	4	2	3	1	9	8	7	6
6	7	9	5	2	8	4	3	1
8	1	3	6	4	7	9	5	2
7	2	4	8	6	5	1	9	3
1	3	8	7	9	2	6	4	5
9	5	6	1	3	4	2	8	7
3	6	5	9	8	1	7	2	4
2	8	7	4	5	6	3	1	9
4	9	1	2	7	3	5	6	8

Solution# 68

8	6	1	9	3	7	2	5	4
4	2	9	6	5	8	1	3	7
3	7	5	2	4	1	8	9	6
5	8	4	1	7	3	9	6	2
1	3	6	8	9	2	4	7	5
2	9	7	4	6	5	3	8	1
6	1	2	5	8	9	7	4	3
9	4	3	7	1	6	5	2	8
7	5	8	3	2	4	6	1	9

Solution# 69

9	8	3	1	7	4	6	5	2
5	7	6	9	8	2	3	4	1
2	1	4	3	5	6	8	7	9
1	6	5	8	4	7	9	2	3
3	2	7	6	9	1	5	8	4
8	4	9	2	3	5	1	6	7
4	5	1	7	6	3	2	9	8
6	9	2	4	1	8	7	3	5
7	3	8	5	2	9	4	1	6

Solution# 70

4	6	9	3	1	5	7	8	2
7	1	3	8	2	9	4	6	5
8	2	5	7	6	4	3	1	9
1	8	2	4	7	6	9	5	3
6	5	4	9	3	2	1	7	8
3	9	7	5	8	1	2	4	6
9	7	8	6	4	3	5	2	1
5	4	1	2	9	8	6	3	7
2	3	6	1	5	7	8	9	4

Solution# 71

2	6	3	9	1	7	4	8	5
4	5	9	6	2	8	3	7	1
1	8	7	5	3	4	2	9	6
7	3	6	1	8	9	5	2	4
5	2	4	3	7	6	8	1	9
8	9	1	2	4	5	6	3	7
3	4	8	7	5	1	9	6	2
9	7	5	8	6	2	1	4	3
6	1	2	4	9	3	7	5	8

Solution# 72

8	1	9	3	4	6	5	2	7
2	3	7	5	8	1	4	6	9
4	5	6	9	7	2	1	8	3
9	8	3	4	6	5	2	7	1
1	6	4	7	2	3	8	9	5
7	2	5	8	1	9	6	3	4
6	9	2	1	3	4	7	5	8
3	7	1	2	5	8	9	4	6
5	4	8	6	9	7	3	1	2

Solution# 73

9	5	2	8	3	6	4	7	1
3	6	1	5	4	7	8	9	2
8	7	4	2	9	1	5	3	6
2	1	9	3	8	5	7	6	4
5	8	7	9	6	4	1	2	3
4	3	6	1	7	2	9	5	8
1	9	3	7	2	8	6	4	5
7	4	5	6	1	3	2	8	9
6	2	8	4	5	9	3	1	7

Solution# 74

4	9	3	2	6	8	1	5	7
2	5	8	9	7	1	6	3	4
6	1	7	4	3	5	9	8	2
9	6	1	8	2	7	5	4	3
5	3	2	1	4	6	7	9	8
8	7	4	5	9	3	2	6	1
7	8	6	3	1	9	4	2	5
3	4	9	7	5	2	8	1	6
1	2	5	6	8	4	3	7	9

Solution# 75

4	5	9	8	6	2	7	1	3
8	6	2	1	7	3	9	4	5
3	7	1	4	5	9	8	6	2
7	1	8	6	9	5	3	2	4
2	3	4	7	1	8	6	5	9
5	9	6	3	2	4	1	7	8
6	2	5	9	3	7	4	8	1
9	4	7	5	8	1	2	3	6
1	8	3	2	4	6	5	9	7

Solution# 76

4	6	9	2	1	3	7	5	8
3	5	1	8	7	6	2	9	4
8	7	2	5	4	9	3	1	6
5	1	7	6	9	4	8	2	3
2	8	6	7	3	5	9	4	1
9	3	4	1	2	8	5	6	7
1	2	8	4	5	7	6	3	9
6	4	3	9	8	2	1	7	5
7	9	5	3	6	1	4	8	2

Solution# 77

3	4	2	7	6	8	9	1	5
5	7	1	3	9	4	6	2	8
8	9	6	5	2	1	7	4	3
2	6	7	9	1	3	5	8	4
1	8	9	4	7	5	2	3	6
4	3	5	6	8	2	1	7	9
6	2	4	8	5	7	3	9	1
9	1	3	2	4	6	8	5	7
7	5	8	1	3	9	4	6	2

Solution# 78

2	4	1	9	5	3	6	7	8
9	7	8	6	2	4	1	5	3
5	6	3	8	7	1	4	2	9
7	2	4	3	1	9	5	8	6
8	1	9	7	6	5	2	3	4
3	5	6	2	4	8	9	1	7
1	8	5	4	9	7	3	6	2
4	3	2	5	8	6	7	9	1
6	9	7	1	3	2	8	4	5

Solution# 79

1	6	9	7	3	5	2	8	4
2	8	3	4	1	6	7	9	5
5	7	4	8	9	2	1	3	6
4	1	7	2	5	9	8	6	3
9	3	8	1	6	7	5	4	2
6	2	5	3	8	4	9	7	1
8	5	2	6	7	3	4	1	9
7	9	6	5	4	1	3	2	8
3	4	1	9	2	8	6	5	7

Solution# 80

4	7	3	6	8	1	9	5	2
1	9	8	5	7	2	4	6	3
6	5	2	4	9	3	1	7	8
2	8	7	1	5	9	3	4	6
3	1	5	7	6	4	8	2	9
9	6	4	2	3	8	5	1	7
5	2	9	8	4	7	6	3	1
8	4	1	3	2	6	7	9	5
7	3	6	9	1	5	2	8	4

Solution# 81

6	9	2	4	3	1	7	8	5
1	3	5	7	8	9	2	6	4
8	7	4	6	2	5	1	9	3
7	6	9	2	5	8	4	3	1
5	4	3	9	1	7	8	2	6
2	1	8	3	4	6	5	7	9
9	8	1	5	6	2	3	4	7
4	2	6	1	7	3	9	5	8
3	5	7	8	9	4	6	1	2

Solution# 82

4	6	9	8	7	5	1	3	2
8	5	1	4	2	3	7	6	9
2	3	7	1	9	6	5	4	8
1	7	6	9	5	2	4	8	3
3	9	4	7	6	8	2	1	5
5	2	8	3	1	4	6	9	7
7	1	2	6	8	9	3	5	4
6	8	3	5	4	7	9	2	1
9	4	5	2	3	1	8	7	6

Solution# 83

8	1	9	7	2	6	4	5	3
2	7	5	3	8	4	9	1	6
3	4	6	1	9	5	8	7	2
4	5	3	6	1	2	7	9	8
1	8	7	4	3	9	2	6	5
9	6	2	5	7	8	3	4	1
6	3	4	2	5	7	1	8	9
5	2	8	9	4	1	6	3	7
7	9	1	8	6	3	5	2	4

Solution# 84

1	6	5	9	7	2	8	4	3
8	2	4	3	6	5	7	1	9
7	3	9	1	8	4	2	6	5
5	8	2	6	4	3	9	7	1
4	9	7	8	5	1	6	3	2
3	1	6	7	2	9	5	8	4
2	5	8	4	1	7	3	9	6
9	7	1	2	3	6	4	5	8
6	4	3	5	9	8	1	2	7

Solution# 85

6	2	8	3	7	9	1	5	4
5	9	4	6	1	2	8	7	3
1	3	7	4	5	8	2	6	9
9	1	2	7	6	5	4	3	8
8	7	6	2	3	4	5	9	1
3	4	5	8	9	1	7	2	6
7	6	1	5	8	3	9	4	2
2	8	3	9	4	7	6	1	5
4	5	9	1	2	6	3	8	7

Solution# 86

7	2	1	8	5	4	3	9	6
6	3	4	7	2	9	1	8	5
8	5	9	6	3	1	4	2	7
4	8	3	5	9	6	7	1	2
2	9	6	3	1	7	5	4	8
5	1	7	4	8	2	6	3	9
3	4	5	2	7	8	9	6	1
1	7	2	9	6	3	8	5	4
9	6	8	1	4	5	2	7	3

Solution# 87

6	3	4	2	8	9	7	1	5
7	8	9	5	1	4	3	2	6
1	2	5	3	7	6	4	9	8
2	6	1	4	9	8	5	3	7
8	9	7	1	3	5	6	4	2
5	4	3	6	2	7	1	8	9
9	1	6	7	4	2	8	5	3
3	7	2	8	5	1	9	6	4
4	5	8	9	6	3	2	7	1

Solution# 88

7	2	5	1	6	3	8	4	9
9	6	3	5	4	8	7	2	1
4	8	1	2	9	7	3	5	6
2	9	8	3	7	1	4	6	5
1	4	7	8	5	6	2	9	3
3	5	6	9	2	4	1	8	7
8	1	2	6	3	5	9	7	4
5	7	9	4	1	2	6	3	8
6	3	4	7	8	9	5	1	2

Solution# 89

7	4	9	3	2	1	5	8	6
1	3	6	9	5	8	2	7	4
8	5	2	7	6	4	1	9	3
5	6	7	8	9	2	3	4	1
2	8	1	6	4	3	9	5	7
3	9	4	5	1	7	6	2	8
9	7	8	1	3	5	4	6	2
4	1	5	2	7	6	8	3	9
6	2	3	4	8	9	7	1	5

Solution# 90

5	3	9	7	1	4	6	8	2
7	6	2	8	3	9	5	1	4
4	1	8	2	5	6	7	9	3
8	9	1	6	2	7	4	3	5
2	5	6	4	9	3	1	7	8
3	4	7	5	8	1	9	2	6
6	2	4	9	7	8	3	5	1
1	7	5	3	4	2	8	6	9
9	8	3	1	6	5	2	4	7

Solution# 91

3	5	6	4	1	8	9	7	2
1	7	8	2	5	9	6	3	4
2	9	4	7	6	3	5	8	1
7	4	3	6	9	1	2	5	8
5	8	9	3	4	2	1	6	7
6	1	2	8	7	5	4	9	3
4	6	5	1	3	7	8	2	9
9	2	7	5	8	4	3	1	6
8	3	1	9	2	6	7	4	5

Solution# 92

9	6	5	2	4	3	1	8	7
4	8	2	5	1	7	9	3	6
7	3	1	8	9	6	4	2	5
8	1	3	4	7	2	5	6	9
6	7	9	3	5	1	2	4	8
2	5	4	6	8	9	7	1	3
5	9	6	1	3	4	8	7	2
1	2	8	7	6	5	3	9	4
3	4	7	9	2	8	6	5	1

Solution# 93

8	9	7	3	6	2	1	4	5
1	6	2	9	5	4	3	8	7
5	3	4	1	7	8	6	9	2
6	7	3	4	8	1	5	2	9
9	4	5	2	3	6	7	1	8
2	8	1	7	9	5	4	3	6
7	2	8	6	4	3	9	5	1
3	1	9	5	2	7	8	6	4
4	5	6	8	1	9	2	7	3

Solution# 94

2	8	4	7	3	5	1	6	9
1	3	9	8	2	6	4	5	7
6	7	5	4	1	9	8	2	3
5	1	6	3	4	7	9	8	2
8	4	3	6	9	2	5	7	1
7	9	2	1	5	8	3	4	6
4	2	8	9	6	3	7	1	5
3	6	7	5	8	1	2	9	4
9	5	1	2	7	4	6	3	8

Solution# 95

3	7	2	4	1	8	6	9	5
6	9	4	3	5	7	8	1	2
5	1	8	6	2	9	7	4	3
7	6	1	2	8	5	9	3	4
4	8	3	1	9	6	5	2	7
9	2	5	7	4	3	1	8	6
2	3	9	5	7	1	4	6	8
8	5	6	9	3	4	2	7	1
1	4	7	8	6	2	3	5	9

Solution# 96

2	8	6	4	1	9	5	7	3
7	1	9	3	8	5	4	2	6
4	5	3	2	7	6	8	1	9
6	4	2	1	9	3	7	5	8
8	9	5	6	2	7	1	3	4
3	7	1	8	5	4	6	9	2
1	6	8	7	3	2	9	4	5
5	3	7	9	4	8	2	6	1
9	2	4	5	6	1	3	8	7

Solution# 97

1	6	8	5	4	7	2	9	3
9	7	3	2	8	6	1	4	5
5	2	4	3	9	1	6	8	7
3	5	1	8	6	2	4	7	9
7	9	6	1	5	4	8	3	2
8	4	2	9	7	3	5	1	6
6	3	9	4	1	5	7	2	8
2	1	5	7	3	8	9	6	4
4	8	7	6	2	9	3	5	1

Solution# 98

9	2	4	3	8	5	1	7	6
1	3	7	4	6	2	8	5	9
5	8	6	7	1	9	2	3	4
3	4	1	9	2	6	7	8	5
7	6	8	1	5	4	9	2	3
2	5	9	8	3	7	4	6	1
4	9	5	2	7	3	6	1	8
8	7	3	6	9	1	5	4	2
6	1	2	5	4	8	3	9	7

Solution# 99

9	1	7	8	2	4	3	6	5
2	4	6	5	3	9	7	8	1
3	5	8	7	1	6	4	2	9
8	9	5	6	4	1	2	7	3
6	3	1	2	8	7	9	5	4
7	2	4	9	5	3	8	1	6
5	8	3	4	6	2	1	9	7
4	6	9	1	7	8	5	3	2
1	7	2	3	9	5	6	4	8

Solution# 100

7	6	1	3	4	2	8	9	5
4	3	8	1	9	5	2	6	7
5	2	9	8	6	7	1	4	3
1	9	5	6	7	8	3	2	4
3	8	6	5	2	4	7	1	9
2	4	7	9	1	3	5	8	6
9	5	4	2	3	1	6	7	8
6	1	3	7	8	9	4	5	2
8	7	2	4	5	6	9	3	1

Solution# 101

6	9	5	4	7	8	1	2	3
2	8	3	5	1	9	4	7	6
1	7	4	2	3	6	8	9	5
8	3	1	9	4	5	7	6	2
4	5	2	8	6	7	9	3	1
7	6	9	1	2	3	5	8	4
9	2	8	3	5	4	6	1	7
3	4	6	7	9	1	2	5	8
5	1	7	6	8	2	3	4	9

Solution# 102

8	5	2	1	6	7	4	3	9
4	3	6	8	2	9	1	5	7
7	9	1	5	4	3	8	6	2
1	6	8	7	5	2	9	4	3
2	4	9	6	3	8	7	1	5
5	7	3	9	1	4	2	8	6
3	8	4	2	9	6	5	7	1
9	1	7	3	8	5	6	2	4
6	2	5	4	7	1	3	9	8

Solution# 103

1	7	4	8	3	5	9	6	2
8	9	3	6	2	1	4	7	5
6	5	2	7	9	4	1	8	3
5	6	9	1	7	3	8	2	4
4	3	8	2	6	9	7	5	1
7	2	1	4	5	8	3	9	6
2	1	6	3	8	7	5	4	9
9	4	7	5	1	6	2	3	8
3	8	5	9	4	2	6	1	7

Solution# 104

1	2	4	9	8	3	6	5	7
9	6	8	7	2	5	1	3	4
3	5	7	6	1	4	9	8	2
2	3	1	5	9	7	8	4	6
6	7	5	8	4	1	3	2	9
8	4	9	2	3	6	5	7	1
4	9	6	3	5	2	7	1	8
5	8	2	1	7	9	4	6	3
7	1	3	4	6	8	2	9	5

Solution# 105

7	1	4	8	2	6	9	5	3
8	6	9	3	5	4	2	1	7
5	3	2	1	7	9	6	4	8
1	8	6	7	9	3	5	2	4
3	4	5	2	6	1	8	7	9
9	2	7	5	4	8	1	3	6
2	7	3	9	8	5	4	6	1
4	9	1	6	3	2	7	8	5
6	5	8	4	1	7	3	9	2

Solution# 106

8	9	6	1	5	3	7	2	4
2	7	1	4	6	9	3	8	5
3	5	4	8	2	7	6	1	9
4	8	3	5	7	2	9	6	1
9	2	7	6	8	1	4	5	3
6	1	5	9	3	4	8	7	2
1	3	2	7	9	8	5	4	6
5	4	8	3	1	6	2	9	7
7	6	9	2	4	5	1	3	8

Solution# 107

5	2	6	3	4	8	9	1	7
1	7	4	9	2	5	8	3	6
3	8	9	7	1	6	5	2	4
9	4	2	6	5	1	7	8	3
6	1	7	8	3	9	4	5	2
8	5	3	4	7	2	6	9	1
2	9	1	5	6	7	3	4	8
7	3	8	1	9	4	2	6	5
4	6	5	2	8	3	1	7	9

Solution# 108

8	9	1	4	2	7	5	3	6
7	3	4	1	5	6	9	2	8
5	2	6	9	8	3	7	1	4
4	6	9	5	3	1	2	8	7
1	5	7	8	6	2	4	9	3
3	8	2	7	4	9	1	6	5
6	1	3	2	7	5	8	4	9
2	7	8	3	9	4	6	5	1
9	4	5	6	1	8	3	7	2

Solution# 109

9	8	2	3	1	6	5	7	4
7	6	4	8	9	5	1	3	2
1	5	3	4	7	2	8	9	6
6	9	7	5	8	1	4	2	3
2	1	5	6	3	4	7	8	9
3	4	8	7	2	9	6	1	5
4	2	1	9	5	7	3	6	8
5	3	9	1	6	8	2	4	7
8	7	6	2	4	3	9	5	1

Solution# 110

3	1	6	4	8	9	2	7	5
7	4	8	3	5	2	1	9	6
5	9	2	6	7	1	8	3	4
4	8	1	2	9	5	7	6	3
2	6	3	1	4	7	9	5	8
9	7	5	8	6	3	4	1	2
6	5	4	7	1	8	3	2	9
8	3	7	9	2	6	5	4	1
1	2	9	5	3	4	6	8	7

Solution# 111

8	7	5	1	3	6	2	9	4
1	3	9	8	4	2	5	7	6
6	4	2	5	7	9	8	1	3
3	8	4	2	9	5	1	6	7
7	9	6	3	8	1	4	5	2
2	5	1	4	6	7	9	3	8
4	6	7	9	1	8	3	2	5
5	1	3	6	2	4	7	8	9
9	2	8	7	5	3	6	4	1

Solution# 112

3	8	2	6	5	7	9	1	4
9	7	1	3	4	2	5	6	8
4	6	5	1	9	8	7	3	2
5	2	6	4	7	3	8	9	1
1	9	3	2	8	5	4	7	6
8	4	7	9	6	1	2	5	3
6	1	8	7	2	9	3	4	5
2	3	9	5	1	4	6	8	7
7	5	4	8	3	6	1	2	9

Solution# 113

7	4	8	6	1	9	5	3	2
6	3	9	4	5	2	8	1	7
5	1	2	3	8	7	4	9	6
1	8	5	7	9	4	2	6	3
4	2	3	1	6	5	9	7	8
9	6	7	2	3	8	1	4	5
3	7	4	5	2	1	6	8	9
8	5	1	9	7	6	3	2	4
2	9	6	8	4	3	7	5	1

Solution# 114

3	7	2	4	6	1	5	8	9
9	8	6	5	3	2	1	7	4
1	5	4	7	8	9	2	6	3
8	1	7	9	4	3	6	5	2
2	9	5	6	1	8	4	3	7
6	4	3	2	7	5	9	1	8
4	6	1	3	9	7	8	2	5
5	3	8	1	2	4	7	9	6
7	2	9	8	5	6	3	4	1

Solution# 115

4	2	3	8	1	7	9	5	6
7	8	6	9	3	5	4	2	1
9	1	5	4	6	2	3	8	7
3	7	2	6	4	8	5	1	9
8	6	9	5	7	1	2	3	4
1	5	4	3	2	9	6	7	8
6	9	7	2	8	3	1	4	5
2	4	8	1	5	6	7	9	3
5	3	1	7	9	4	8	6	2

Solution# 116

4	5	8	6	1	3	9	7	2
3	9	2	5	7	8	1	6	4
6	1	7	9	4	2	5	8	3
7	3	5	1	9	4	8	2	6
1	4	9	2	8	6	7	3	5
2	8	6	7	3	5	4	9	1
9	2	4	8	6	1	3	5	7
8	6	3	4	5	7	2	1	9
5	7	1	3	2	9	6	4	8

Solution# 117

9	7	3	4	5	2	8	1	6
8	5	2	1	6	3	7	4	9
6	4	1	9	8	7	3	2	5
2	1	9	6	3	8	5	7	4
4	3	8	7	1	5	9	6	2
7	6	5	2	9	4	1	8	3
3	2	6	8	7	9	4	5	1
1	9	7	5	4	6	2	3	8
5	8	4	3	2	1	6	9	7

Solution# 118

4	2	9	6	8	3	1	7	5
6	1	7	4	5	2	3	8	9
8	3	5	7	1	9	4	2	6
9	4	8	1	6	5	2	3	7
1	5	2	9	3	7	6	4	8
3	7	6	8	2	4	9	5	1
2	6	4	5	7	1	8	9	3
7	8	3	2	9	6	5	1	4
5	9	1	3	4	8	7	6	2

Solution# 119

5	1	3	9	6	4	8	7	2
6	4	8	5	2	7	3	1	9
9	2	7	8	3	1	6	5	4
7	8	9	3	5	6	4	2	1
2	6	5	4	1	9	7	8	3
1	3	4	7	8	2	5	9	6
3	7	1	2	4	5	9	6	8
8	9	6	1	7	3	2	4	5
4	5	2	6	9	8	1	3	7

Solution# 120

6	1	3	7	5	2	4	9	8
9	7	5	1	4	8	2	3	6
8	4	2	9	3	6	5	7	1
7	6	8	4	2	1	3	5	9
3	5	4	6	7	9	8	1	2
1	2	9	5	8	3	7	6	4
2	3	1	8	6	7	9	4	5
5	8	6	3	9	4	1	2	7
4	9	7	2	1	5	6	8	3

Solution# 121

8	3	9	4	2	7	5	1	6
2	4	5	1	6	9	7	8	3
6	1	7	5	8	3	4	9	2
5	7	1	2	9	8	3	6	4
3	8	2	7	4	6	1	5	9
9	6	4	3	1	5	2	7	8
1	5	6	9	3	2	8	4	7
7	2	8	6	5	4	9	3	1
4	9	3	8	7	1	6	2	5

Solution# 122

3	5	2	6	1	7	9	8	4
9	6	4	2	8	3	1	7	5
8	7	1	4	5	9	6	2	3
4	1	6	7	9	2	3	5	8
7	2	9	8	3	5	4	1	6
5	3	8	1	6	4	2	9	7
1	9	5	3	4	8	7	6	2
2	8	3	9	7	6	5	4	1
6	4	7	5	2	1	8	3	9

Solution# 123

4	8	7	9	5	3	1	2	6
9	3	1	6	2	7	8	4	5
6	5	2	4	1	8	9	7	3
7	1	4	5	3	2	6	9	8
5	2	9	8	4	6	3	1	7
8	6	3	1	7	9	4	5	2
3	7	6	2	9	4	5	8	1
1	9	8	7	6	5	2	3	4
2	4	5	3	8	1	7	6	9

Solution# 124

2	1	7	9	3	8	5	6	4
3	4	6	2	1	5	7	8	9
8	5	9	6	4	7	3	2	1
6	9	5	8	7	1	2	4	3
1	7	3	4	2	6	9	5	8
4	8	2	5	9	3	1	7	6
7	3	4	1	8	2	6	9	5
9	6	1	7	5	4	8	3	2
5	2	8	3	6	9	4	1	7

Solution# 125

5	8	7	6	9	2	1	4	3
2	9	4	7	1	3	8	6	5
1	6	3	8	5	4	2	9	7
9	1	5	4	3	7	6	8	2
8	3	2	5	6	1	9	7	4
4	7	6	9	2	8	5	3	1
6	4	9	1	7	5	3	2	8
3	5	8	2	4	6	7	1	9
7	2	1	3	8	9	4	5	6

Solution# 126

4	7	1	2	9	3	8	6	5
3	6	8	5	4	7	9	1	2
5	9	2	6	8	1	3	4	7
6	8	3	7	1	5	4	2	9
9	1	7	3	2	4	5	8	6
2	5	4	8	6	9	7	3	1
7	4	6	9	3	2	1	5	8
8	3	9	1	5	6	2	7	4
1	2	5	4	7	8	6	9	3

Solution# 127

3	4	5	7	2	6	1	8	9
2	8	9	3	4	1	5	6	7
1	6	7	8	5	9	4	2	3
5	3	2	9	1	8	6	7	4
7	1	6	2	3	4	8	9	5
4	9	8	6	7	5	2	3	1
6	5	3	1	9	2	7	4	8
8	7	1	4	6	3	9	5	2
9	2	4	5	8	7	3	1	6

Solution# 128

8	6	3	9	4	1	7	5	2
1	7	2	6	3	5	9	4	8
9	5	4	7	2	8	3	6	1
3	9	7	5	8	2	4	1	6
4	1	8	3	6	7	5	2	9
5	2	6	1	9	4	8	7	3
7	8	5	2	1	9	6	3	4
6	4	1	8	7	3	2	9	5
2	3	9	4	5	6	1	8	7

Solution# 129

6	1	4	7	9	5	2	8	3
9	5	8	6	3	2	1	4	7
3	7	2	1	8	4	9	6	5
1	8	9	3	5	7	4	2	6
2	4	7	9	6	1	5	3	8
5	6	3	2	4	8	7	9	1
8	3	5	4	1	9	6	7	2
4	2	6	5	7	3	8	1	9
7	9	1	8	2	6	3	5	4

Solution# 130

9	5	4	1	8	3	7	6	2
3	8	7	5	6	2	1	9	4
1	2	6	4	7	9	8	3	5
7	3	1	9	2	8	5	4	6
5	6	9	7	1	4	2	8	3
2	4	8	6	3	5	9	7	1
8	9	3	2	4	1	6	5	7
4	7	2	8	5	6	3	1	9
6	1	5	3	9	7	4	2	8

Solution# 131

6	2	5	8	9	1	7	4	3
9	7	4	6	2	3	1	8	5
1	8	3	5	4	7	9	2	6
3	4	9	7	8	6	2	5	1
2	1	7	4	3	5	8	6	9
5	6	8	2	1	9	3	7	4
8	3	6	9	7	4	5	1	2
4	9	2	1	5	8	6	3	7
7	5	1	3	6	2	4	9	8

Solution# 132

8	5	2	1	4	3	6	9	7
6	4	1	9	2	7	5	3	8
7	9	3	5	6	8	4	1	2
5	7	9	2	1	6	3	8	4
2	1	8	4	3	5	7	6	9
4	3	6	8	7	9	2	5	1
9	6	4	3	8	2	1	7	5
3	2	5	7	9	1	8	4	6
1	8	7	6	5	4	9	2	3

Solution# 133

8	5	9	2	3	4	7	1	6
1	6	3	7	8	9	2	5	4
7	2	4	1	5	6	9	8	3
6	7	5	8	4	2	1	3	9
2	9	1	6	7	3	5	4	8
3	4	8	5	9	1	6	7	2
4	8	7	9	6	5	3	2	1
9	3	2	4	1	7	8	6	5
5	1	6	3	2	8	4	9	7

Solution# 134

7	6	2	9	4	3	8	5	1
1	8	3	7	6	5	9	4	2
5	9	4	2	1	8	6	7	3
2	5	6	8	9	4	1	3	7
8	3	1	5	2	7	4	6	9
4	7	9	6	3	1	2	8	5
9	2	8	3	7	6	5	1	4
3	4	5	1	8	9	7	2	6
6	1	7	4	5	2	3	9	8

Solution# 135

8	7	4	5	3	9	6	1	2
3	6	2	7	1	8	4	5	9
1	5	9	2	6	4	8	3	7
4	3	1	6	9	2	5	7	8
5	9	7	8	4	3	1	2	6
6	2	8	1	5	7	3	9	4
2	1	3	9	8	6	7	4	5
9	8	5	4	7	1	2	6	3
7	4	6	3	2	5	9	8	1

Solution# 136

5	7	1	3	9	6	4	2	8
8	9	2	1	7	4	6	5	3
3	4	6	5	2	8	9	7	1
9	5	8	6	1	7	2	3	4
4	2	3	8	5	9	1	6	7
6	1	7	4	3	2	8	9	5
7	6	4	2	8	5	3	1	9
1	8	5	9	6	3	7	4	2
2	3	9	7	4	1	5	8	6

Solution# 137

6	8	9	7	4	2	1	5	3
4	5	2	1	3	8	7	6	9
7	1	3	6	5	9	8	2	4
9	4	8	3	2	5	6	1	7
3	7	5	8	6	1	4	9	2
1	2	6	4	9	7	3	8	5
8	9	4	2	1	3	5	7	6
2	3	7	5	8	6	9	4	1
5	6	1	9	7	4	2	3	8

Solution# 138

1	9	6	5	7	2	8	3	4
3	2	4	9	1	8	6	5	7
7	8	5	6	4	3	1	2	9
5	1	3	2	6	7	9	4	8
2	4	9	8	5	1	7	6	3
8	6	7	3	9	4	2	1	5
4	7	8	1	3	6	5	9	2
9	3	1	7	2	5	4	8	6
6	5	2	4	8	9	3	7	1

Solution# 139

8	6	7	2	1	3	4	5	9
1	4	9	6	7	5	3	2	8
3	2	5	8	9	4	1	6	7
2	1	3	9	4	8	6	7	5
6	5	8	1	3	7	9	4	2
9	7	4	5	2	6	8	3	1
4	9	1	3	5	2	7	8	6
5	3	6	7	8	9	2	1	4
7	8	2	4	6	1	5	9	3

Solution# 140

5	6	7	8	9	3	1	2	4
8	1	4	5	2	6	9	7	3
9	2	3	1	7	4	8	6	5
6	9	5	3	1	2	4	8	7
7	4	1	6	5	8	3	9	2
3	8	2	9	4	7	5	1	6
4	5	6	7	8	9	2	3	1
1	7	8	2	3	5	6	4	9
2	3	9	4	6	1	7	5	8

Solution# 141

2	1	4	6	3	7	8	5	9
3	7	9	5	8	2	6	4	1
8	6	5	9	4	1	3	7	2
4	8	7	2	6	5	1	9	3
6	3	2	4	1	9	7	8	5
9	5	1	3	7	8	4	2	6
1	9	8	7	5	3	2	6	4
5	4	3	8	2	6	9	1	7
7	2	6	1	9	4	5	3	8

Solution# 142

4	3	8	6	9	1	5	2	7
1	9	5	2	4	7	6	8	3
6	2	7	3	8	5	9	1	4
7	6	1	9	2	3	4	5	8
2	5	9	8	1	4	7	3	6
3	8	4	5	7	6	1	9	2
9	1	6	4	3	2	8	7	5
8	4	2	7	5	9	3	6	1
5	7	3	1	6	8	2	4	9

Solution# 143

7	4	2	1	6	8	9	5	3
8	1	9	3	2	5	6	7	4
3	6	5	4	7	9	8	2	1
6	7	3	2	9	1	4	8	5
2	8	1	6	5	4	3	9	7
9	5	4	8	3	7	1	6	2
5	2	8	9	1	3	7	4	6
4	3	7	5	8	6	2	1	9
1	9	6	7	4	2	5	3	8

Solution# 144

7	3	4	6	9	5	2	1	8
1	6	2	4	8	7	9	5	3
9	8	5	3	2	1	6	7	4
2	7	3	1	6	4	8	9	5
8	4	6	9	5	2	7	3	1
5	9	1	7	3	8	4	2	6
4	1	8	2	7	3	5	6	9
3	2	9	5	4	6	1	8	7
6	5	7	8	1	9	3	4	2

Solution# 145

8	4	7	1	5	9	3	6	2
6	9	5	3	7	2	4	1	8
1	3	2	8	4	6	7	5	9
4	2	3	7	9	5	6	8	1
9	8	6	4	3	1	2	7	5
5	7	1	2	6	8	9	4	3
2	6	8	9	1	4	5	3	7
3	5	9	6	8	7	1	2	4
7	1	4	5	2	3	8	9	6

Solution# 146

2	9	7	6	8	1	4	5	3
4	6	3	7	9	5	8	1	2
1	8	5	4	3	2	9	7	6
6	1	2	9	5	4	7	3	8
3	7	4	8	1	6	5	2	9
8	5	9	3	2	7	1	6	4
5	3	6	1	4	8	2	9	7
7	4	1	2	6	9	3	8	5
9	2	8	5	7	3	6	4	1

Solution# 147

8	9	3	6	1	5	4	2	7
1	5	7	2	3	4	8	9	6
6	4	2	9	8	7	1	3	5
7	8	1	3	5	9	2	6	4
9	2	4	8	7	6	5	1	3
5	3	6	1	4	2	7	8	9
3	6	5	7	2	1	9	4	8
4	1	9	5	6	8	3	7	2
2	7	8	4	9	3	6	5	1

Solution# 148

4	3	9	2	8	5	6	1	7
1	7	2	4	6	3	5	8	9
5	8	6	9	7	1	3	4	2
3	9	5	8	4	6	2	7	1
8	1	4	3	2	7	9	6	5
2	6	7	5	1	9	8	3	4
7	5	3	6	9	4	1	2	8
6	2	1	7	5	8	4	9	3
9	4	8	1	3	2	7	5	6

Solution# 149

3	8	5	7	4	6	2	1	9
4	9	6	2	1	8	3	5	7
1	2	7	3	9	5	4	8	6
5	1	8	9	7	2	6	4	3
9	6	3	8	5	4	1	7	2
7	4	2	1	6	3	5	9	8
6	3	1	4	8	7	9	2	5
8	5	4	6	2	9	7	3	1
2	7	9	5	3	1	8	6	4

Solution# 150

4	2	8	7	6	1	9	3	5
5	1	3	9	4	2	6	8	7
6	9	7	8	5	3	2	1	4
1	4	9	5	3	6	7	2	8
8	5	2	1	9	7	3	4	6
7	3	6	2	8	4	1	5	9
3	8	5	6	1	9	4	7	2
2	6	4	3	7	5	8	9	1
9	7	1	4	2	8	5	6	3

Solution# 151

4	7	3	5	8	1	9	2	6
1	8	2	4	6	9	7	5	3
9	5	6	3	2	7	1	4	8
7	3	4	1	5	6	2	8	9
6	9	1	8	4	2	3	7	5
5	2	8	9	7	3	6	1	4
2	4	9	6	1	8	5	3	7
3	1	5	7	9	4	8	6	2
8	6	7	2	3	5	4	9	1

Solution# 152

3	4	1	7	6	9	8	2	5
5	2	6	8	1	3	7	9	4
7	8	9	4	5	2	1	3	6
8	5	7	2	4	1	9	6	3
6	1	3	9	7	5	2	4	8
2	9	4	6	3	8	5	7	1
4	7	8	1	9	6	3	5	2
9	3	2	5	8	4	6	1	7
1	6	5	3	2	7	4	8	9

Solution# 153

9	5	2	1	4	6	7	8	3
4	3	1	8	7	5	2	9	6
7	6	8	9	2	3	4	5	1
1	8	4	3	9	7	5	6	2
5	7	9	2	6	1	8	3	4
3	2	6	5	8	4	1	7	9
6	1	7	4	5	9	3	2	8
8	4	5	6	3	2	9	1	7
2	9	3	7	1	8	6	4	5

Solution# 154

8	6	5	9	7	3	2	1	4
3	7	1	4	2	8	5	9	6
4	2	9	6	5	1	3	7	8
5	8	2	7	1	4	9	6	3
1	4	6	3	8	9	7	5	2
7	9	3	2	6	5	8	4	1
9	3	8	1	4	7	6	2	5
6	1	7	5	3	2	4	8	9
2	5	4	8	9	6	1	3	7

Solution# 155

3	6	4	1	7	5	8	2	9
5	8	7	3	2	9	6	1	4
1	2	9	4	6	8	7	5	3
7	4	8	9	1	6	2	3	5
2	3	1	8	5	4	9	6	7
6	9	5	7	3	2	4	8	1
4	7	6	5	8	1	3	9	2
8	1	3	2	9	7	5	4	6
9	5	2	6	4	3	1	7	8

Solution# 156

4	3	2	5	7	6	9	1	8
6	8	9	4	2	1	7	5	3
7	1	5	8	9	3	6	4	2
8	7	1	3	6	4	5	2	9
5	9	6	1	8	2	4	3	7
2	4	3	7	5	9	1	8	6
9	2	4	6	3	5	8	7	1
3	5	7	9	1	8	2	6	4
1	6	8	2	4	7	3	9	5

Solution# 157

3	8	5	6	9	4	1	2	7
2	1	6	7	8	3	5	9	4
9	7	4	1	5	2	8	6	3
8	6	1	3	2	7	9	4	5
5	4	3	8	1	9	6	7	2
7	9	2	5	4	6	3	8	1
4	2	8	9	3	1	7	5	6
1	5	7	2	6	8	4	3	9
6	3	9	4	7	5	2	1	8

Solution# 158

9	6	2	4	1	3	8	7	5
8	3	7	6	5	2	1	9	4
5	4	1	9	8	7	6	3	2
6	9	5	1	3	8	4	2	7
7	1	8	5	2	4	9	6	3
3	2	4	7	9	6	5	8	1
1	7	9	3	6	5	2	4	8
2	5	3	8	4	9	7	1	6
4	8	6	2	7	1	3	5	9

Solution# 159

6	1	2	7	8	3	9	4	5
8	5	7	4	9	6	1	2	3
3	9	4	2	1	5	6	8	7
9	4	6	3	5	2	7	1	8
7	2	8	1	4	9	5	3	6
5	3	1	6	7	8	4	9	2
4	6	9	8	3	7	2	5	1
2	8	5	9	6	1	3	7	4
1	7	3	5	2	4	8	6	9

Solution# 160

1	4	3	8	9	5	6	7	2
9	5	6	2	3	7	8	1	4
2	8	7	4	1	6	3	5	9
4	3	9	5	6	8	7	2	1
7	2	8	3	4	1	5	9	6
6	1	5	9	7	2	4	8	3
3	6	2	7	5	9	1	4	8
5	9	1	6	8	4	2	3	7
8	7	4	1	2	3	9	6	5

Solution# 161

2	5	1	4	7	3	8	6	9
6	3	4	8	9	1	7	5	2
7	8	9	6	5	2	4	3	1
4	9	5	3	1	7	2	8	6
1	6	7	2	4	8	5	9	3
3	2	8	5	6	9	1	4	7
5	4	2	1	3	6	9	7	8
9	1	3	7	8	4	6	2	5
8	7	6	9	2	5	3	1	4

Solution# 162

6	9	2	8	1	3	5	4	7
5	7	3	6	4	2	8	9	1
4	1	8	9	5	7	6	2	3
3	2	9	4	8	5	1	7	6
1	8	4	7	9	6	3	5	2
7	5	6	2	3	1	9	8	4
2	6	5	3	7	8	4	1	9
9	3	1	5	2	4	7	6	8
8	4	7	1	6	9	2	3	5

Solution# 163

1	3	7	9	6	2	5	4	8
6	8	4	7	5	3	1	9	2
2	5	9	1	8	4	3	7	6
5	1	3	4	2	6	7	8	9
4	7	2	3	9	8	6	1	5
8	9	6	5	1	7	2	3	4
9	4	1	6	3	5	8	2	7
3	6	8	2	7	9	4	5	1
7	2	5	8	4	1	9	6	3

Solution# 164

1	8	4	3	2	9	7	5	6
3	6	7	4	1	5	8	2	9
2	5	9	6	7	8	1	3	4
8	4	3	1	9	7	5	6	2
9	2	5	8	6	3	4	7	1
6	7	1	2	5	4	9	8	3
4	9	8	7	3	2	6	1	5
7	3	6	5	4	1	2	9	8
5	1	2	9	8	6	3	4	7

Solution# 165

6	7	9	2	3	4	8	5	1
3	1	2	5	8	6	4	7	9
8	4	5	9	7	1	2	3	6
2	3	8	7	1	9	6	4	5
5	6	7	8	4	2	9	1	3
1	9	4	6	5	3	7	8	2
7	5	6	1	2	8	3	9	4
9	8	3	4	6	5	1	2	7
4	2	1	3	9	7	5	6	8

Solution# 166

5	9	4	6	1	7	8	3	2
8	2	1	9	5	3	4	7	6
6	3	7	8	2	4	9	1	5
2	8	6	7	3	1	5	9	4
4	7	9	2	8	5	1	6	3
1	5	3	4	6	9	7	2	8
3	4	5	1	9	6	2	8	7
9	6	8	5	7	2	3	4	1
7	1	2	3	4	8	6	5	9

Solution# 167

9	7	3	1	5	6	8	2	4
1	6	8	2	4	9	5	3	7
5	2	4	3	8	7	1	6	9
4	5	1	8	9	2	3	7	6
6	3	9	4	7	5	2	8	1
7	8	2	6	3	1	9	4	5
3	1	5	7	2	4	6	9	8
8	4	6	9	1	3	7	5	2
2	9	7	5	6	8	4	1	3

Solution# 168

3	4	1	9	7	8	2	5	6
9	5	6	4	1	2	8	7	3
7	8	2	6	5	3	9	4	1
5	7	9	1	3	4	6	2	8
1	2	8	5	9	6	7	3	4
6	3	4	8	2	7	5	1	9
4	9	5	7	8	1	3	6	2
8	1	3	2	6	5	4	9	7
2	6	7	3	4	9	1	8	5

Solution# 169

6	1	2	9	7	3	8	5	4
8	3	7	6	5	4	9	1	2
9	4	5	2	1	8	3	7	6
5	9	8	4	2	7	6	3	1
4	7	6	8	3	1	2	9	5
1	2	3	5	9	6	4	8	7
2	8	1	3	6	5	7	4	9
3	5	9	7	4	2	1	6	8
7	6	4	1	8	9	5	2	3

Solution# 170

3	7	1	8	6	4	2	9	5
9	5	4	1	2	7	3	6	8
2	8	6	5	3	9	1	4	7
5	4	2	7	8	6	9	3	1
8	3	9	2	5	1	6	7	4
1	6	7	9	4	3	5	8	2
7	1	8	6	9	2	4	5	3
4	9	5	3	1	8	7	2	6
6	2	3	4	7	5	8	1	9

Solution# 171

3	2	9	8	4	1	7	6	5
7	4	1	2	5	6	8	3	9
5	8	6	9	3	7	2	1	4
4	9	7	3	1	5	6	8	2
6	3	2	4	7	8	9	5	1
1	5	8	6	9	2	3	4	7
8	6	4	5	2	9	1	7	3
9	1	5	7	8	3	4	2	6
2	7	3	1	6	4	5	9	8

Solution# 172

3	4	7	6	2	1	5	8	9
1	2	5	8	3	9	7	4	6
6	8	9	5	4	7	3	1	2
9	5	8	2	1	6	4	7	3
4	7	6	9	5	3	1	2	8
2	1	3	4	7	8	9	6	5
8	6	1	3	9	4	2	5	7
7	9	2	1	8	5	6	3	4
5	3	4	7	6	2	8	9	1

Solution# 173

2	6	5	3	1	7	8	9	4
8	9	7	4	5	2	6	1	3
1	4	3	8	9	6	5	2	7
4	8	9	2	6	3	1	7	5
3	1	6	9	7	5	4	8	2
5	7	2	1	4	8	9	3	6
9	2	1	5	3	4	7	6	8
7	3	4	6	8	1	2	5	9
6	5	8	7	2	9	3	4	1

Solution# 174

9	2	4	7	3	1	6	8	5
6	7	8	9	5	2	3	1	4
1	5	3	4	8	6	9	7	2
7	1	9	6	4	5	8	2	3
2	4	6	8	1	3	5	9	7
3	8	5	2	9	7	4	6	1
4	6	1	3	2	9	7	5	8
5	3	7	1	6	8	2	4	9
8	9	2	5	7	4	1	3	6

Solution# 175

2	9	6	8	4	7	5	1	3
1	7	8	2	5	3	4	9	6
5	3	4	1	9	6	8	7	2
8	2	5	4	7	9	6	3	1
3	4	7	6	1	5	2	8	9
9	6	1	3	2	8	7	5	4
6	1	9	5	8	4	3	2	7
4	8	2	7	3	1	9	6	5
7	5	3	9	6	2	1	4	8

Solution# 176

4	3	7	1	6	5	2	9	8
2	9	1	3	4	8	5	7	6
8	5	6	9	2	7	4	1	3
6	1	2	5	8	9	3	4	7
3	8	5	4	7	1	6	2	9
9	7	4	6	3	2	8	5	1
7	4	8	2	9	3	1	6	5
1	6	9	8	5	4	7	3	2
5	2	3	7	1	6	9	8	4

Solution# 177

8	3	6	9	7	4	2	1	5
5	7	9	2	6	1	4	8	3
1	2	4	3	5	8	6	7	9
3	5	2	4	1	7	9	6	8
7	4	8	6	9	5	1	3	2
9	6	1	8	2	3	5	4	7
2	9	7	1	8	6	3	5	4
6	8	3	5	4	9	7	2	1
4	1	5	7	3	2	8	9	6

Solution# 178

8	4	7	5	6	2	1	9	3
3	1	5	8	7	9	6	2	4
2	6	9	1	4	3	8	5	7
1	8	2	7	9	5	3	4	6
5	3	6	2	1	4	7	8	9
9	7	4	6	3	8	2	1	5
6	5	3	9	8	1	4	7	2
4	9	1	3	2	7	5	6	8
7	2	8	4	5	6	9	3	1

Solution# 179

7	3	2	1	6	4	8	5	9
8	5	6	3	2	9	4	7	1
9	4	1	5	7	8	6	2	3
4	7	9	8	1	5	3	6	2
3	1	8	2	4	6	7	9	5
6	2	5	7	9	3	1	8	4
2	6	3	9	8	1	5	4	7
5	8	7	4	3	2	9	1	6
1	9	4	6	5	7	2	3	8

Solution# 180

8	5	9	4	2	6	7	3	1
2	4	6	3	7	1	5	8	9
7	1	3	8	9	5	4	2	6
1	8	5	9	6	3	2	7	4
3	2	4	1	8	7	6	9	5
6	9	7	5	4	2	3	1	8
4	6	1	7	3	8	9	5	2
9	7	8	2	5	4	1	6	3
5	3	2	6	1	9	8	4	7